每日一招　30天见效

情绪控制练习册

一个可以让你精神焕发的情绪控制技巧库

01

S	M	T	W	T	F	S
	1	2	3	4	5	6
7	8	9	10	11	12	13
14	15	16	17	18	19	20
21	22	23	24	25	26	27
28	29	30				

情绪波动记录：

情绪逆袭三十式之一：“闹情绪”的时间表

我们每个人都有自己的情绪日历，从新年伊始，经过春夏秋冬四季，到一年终结，在不同的时期，情绪的波带会以不同频率、不同色调出现。这种偶尔焦虑、偶尔安适的情绪基调在潜意识里影响着我们的心情，也左右着我们对人、对事的态度。

认识到自己“闹情绪”的时间表，像重视每天、每周、每月的工作时间表那样重视它，让富含情感、意义深刻的情绪波动不再难以捉摸。换个角度去看自己那些莫名其妙的“小别扭”，你会发现同样面对一件事，在时间表上不同的区间，你竟会表现得完全不同。

02

S	M	T	W	T	F	S
	1	2	3	4	5	6
7	8	9	10	11	12	13
14	15	16	17	18	19	20
21	22	23	24	25	26	27
28	29	30				

情绪波动记录：

情绪逆袭三十式之二：记录你的情绪

为了身体健康，我们会记录下自己的饮食和运动量，为了心灵的健康，我们应该学着观察和记录自己的情绪，一张小小的情绪卡片就是不错的选择。尽量采用有不同颜色的纸张制作情绪卡片，用斑斓的暖色代表积极情绪，一段时间后你会发现，情绪卡片铺开后的颜色越是像彩虹，你的生活质量越高。

时间	事件	情绪类型	情绪强度
2013.8.8	中了彩票大奖	开心喜悦	
		郁闷焦虑	
		愤怒烦躁	
		伤心难过	

03

S	M	T	W	T	F	S
	1	2	3	4	5	6
7	8	9	10	11	12	13
14	15	16	17	18	19	20
21	22	23	24	25	26	27
28	29	30				

情绪波动记录：

情绪逆袭三十式之三：将情绪归归档

你认识到自己有着独特的情绪时间表，也已经开始记录自己的情绪了，下一步要做的就是挑一个心平气和的时间回顾自己一段时间内有过的激烈情绪，排除并不显著的小波动，把那些情绪强度在6~10分的卡片再次回顾一遍。

如果是积极情绪，当时的情形是怎样的呢？那种被正能量包围的感觉是否还深刻地留在脑海里？如果是消极情绪，当时你有没有失控？有没有及时采取有效的宣泄法找回内心的平静？给你的情绪归档，能帮你更加宏观地掌控自己的情绪波动。

04

S	M	T	W	T	F	S
	1	2	3	4	5	6
7	8	9	10	11	12	13
14	15	16	17	18	19	20
21	22	23	24	25	26	27
28	29	30				

情绪波动记录：

情绪逆袭三十式之四：失眠是为哪样？——“睡前情绪综合征”

年轻人中九成以上的失眠由焦虑、抑郁等情绪问题而引发，睡眠不足，大脑得不到足够的休息，导致头疼、头晕、记忆力衰退、食欲不振，内分泌失调，免疫系统功能紊乱，时间长了可能发展为各种严重的疾病。

习惯熬夜的你要注意了，情绪性失眠可不只是“睡不着”那么简单，就算没有什么非做不可的事，也翻来覆去瞎琢磨，想着白天或者是很多天前发生的负面事件，或者对有可能到来的坏事心怀忧虑。身体已经很疲惫了，神经却异常活跃，就是不能安睡，可能就已经患上了“睡前情绪综合征”。

05

S	M	T	W	T	F	S
	1	2	3	4	5	6
7	8	9	10	11	12	13
14	15	16	17	18	19	20
21	22	23	24	25	26	27
28	29	30				

情绪波动记录：

情绪逆袭三十式之五：胃是最能表现情绪的器官

我们的胃无时无刻不在受着情绪的影响，气愤、恐惧、激动、焦虑等情绪可使胃的分泌量增加，酸度增高；而抑郁、悲伤、失望等情绪，则使胃液分泌量减少，酸度下降。不管是升高还是降低，剧烈变化都会导致胃壁肌肉和血管平滑肌发生痉挛，“气得胃疼”就是这个原因。

人在情绪消极的时候会感觉茶饭不思，吃什么都不香，还容易胀肚，没吃什么东西都“气鼓鼓”的。中医认为脾胃失和是一切病症的根源，消化不好就如釜底抽薪，断了供给，人体怎么吃得消？

06

S	M	T	W	T	F	S
	1	2	3	4	5	6
7	8	9	10	11	12	13
14	15	16	17	18	19	20
21	22	23	24	25	26	27
28	29	30				

情绪波动记录：

情绪逆袭三十式之六：情绪性阑尾炎

当人处于负面情绪之中时，精神高度紧张，肾上腺皮质激素分泌会激增，造成机体免疫功能降低，对疼痛的敏感性增高，有些人就会出现右下腹阑尾部位隐痛的症状，疼痛的部位和感觉都像极了阑尾炎，但阑尾及阑尾系膜既不充血、肿胀，又无化脓表现，并不是真的有什么炎症。就算做了手术，只要情绪消极，郁闷焦虑、精神紧张时，类似阑尾炎的症状还是会出现，疼痛不会消失，故而被称为“心因性阑尾炎”或“情绪性阑尾炎”。

07

S	M	T	W	T	F	S
	1	2	3	4	5	6
7	8	9	10	11	12	13
14	15	16	17	18	19	20
21	22	23	24	25	26	27
28	29	30				

情绪波动记录：

情绪逆袭三十式之七：情绪引起的皮肤问题

常见的皮肤病，如白癜风、银屑病、酒糟鼻、青春痘、斑秃、雀斑、黄褐斑等严重影响仪容仪表，更影响人的心情，但其实这些恼人的病症又何尝不是拜情绪问题所赐。

神经性皮炎在发病前一年内往往有不同程度的负面情绪刺激源存在，七成以上红斑鳞屑性皮肤病患者有急躁、激动、易怒等不良情绪，心理压力让皮肤代谢紊乱，分泌更多毒素和油脂，阻塞毛孔，导致痤疮和炎症。而皮肤瑕疵反过来又让人心中烦躁，撕死皮、扯倒刺、挤黑头、抠痘痘，加剧炎症留疤痕后又悔恨自卑，成了恶性循环的死结。

08

S	M	T	W	T	F	S
	1	2	3	4	5	6
7	8	9	10	11	12	13
14	15	16	17	18	19	20
21	22	23	24	25	26	27
28	29	30				

情绪波动记录：

情绪逆袭三十式之八：从和谐的两性生活中感受快乐

和谐的两性生活为什么重要？因为它能让人感受到快乐，从生物本能上来说，生殖冲动的宣泄和饮食温饱同样不可或缺，而现代文明又赋予了性交高于身体需求的含义，它是对肉体的满足，也是对心灵的调节。和谐性生活促使大脑产生更多的神经传递素，帮助松弛神经、舒缓情绪、排解抑郁。

积压性冲动或无节制的纵欲都会引起情绪的失衡，性功能的成熟并不意味着成熟的性观念，性混乱甚至会导致人心理崩溃，选择自残、自杀。

09

S	M	T	W	T	F	S
	1	2	3	4	5	6
7	8	9	10	11	12	13
14	15	16	17	18	19	20
21	22	23	24	25	26	27
28	29	30				

情绪波动记录：

情绪逆袭三十式之九：正面情绪的基石——人类的六大基本心理需求

约翰·辛德勒在《How to Live 365 Days a Year》一书中分析了人的六大基本心理需求——爱的需求、对安全感的渴求、表现创造力的需求、被认可的需求、对新体验的渴望和自尊心的满足。

这六项需求的满足意味着正面情绪充盈着你的生活，在它们得不到满足的时候，你可以主动付出爱、做一个值得信赖和依靠的人，减少忧虑和怀疑，顺其自然，勇敢去开拓和创造，自尊自爱，相信你自己，用一颗赤诚的心探寻这世上美好的点滴，结交新朋友，用你的理智掌控情绪，让正能量把它们补充完整。要记得，自己建筑正面情绪的基石，努力的过程就是拥抱幸福的过程。

10

S	M	T	W	T	F	S
	1	2	3	4	5	6
7	8	9	10	11	12	13
14	15	16	17	18	19	20
21	22	23	24	25	26	27
28	29	30				

情绪波动记录：

情绪逆袭三十式之十：情绪的定义与来源

心理学将情绪定义为：个体对本身需要和客观事物之间关系的短暂而强烈的反应，是一种主观感受、生理反应、认知的互动，并表达出特定的行为。

情绪来源于人对外界事物的一种自然反应，或悲或喜，或积极或消极，没有好坏对错之分。当你感受到它，要清楚它是你生命中不可或缺的一部分，无须抗拒。情绪又是感受与认知的一种内在互动，积极情绪是人的需求得到满足时的生理反应；消极情绪则是在需求得不到满足或认为无法满足时出现的自我保护应激反应。情绪会转化为一种特定的行为，通过特定的表情、语言以及动作表现出来，被我们识别和了解。

S	M	T	W	T	F	S
	1	2	3	4	5	6
7	8	9	10	11	12	13
14	15	16	17	18	19	20
21	22	23	24	25	26	27
28	29	30				

情绪波动记录：

情绪逆袭三十式之十一：决定情绪发生和变化的因素

对于外界事物的感知和评价让我们产生了不同的情绪，神经系统接收到外界的刺激，变回对人体下达应激指令，释放出饱含情绪激素的生物电讯号。当刺激是积极、正面的，或者在某个个体感受中是积极、正面的，就会诱使情绪向良性转变，反之，不快的感触和记忆会触发负面情绪的开关，让人原本愉悦或平静的情绪变得焦躁、郁闷。当负面应激指令堆积在人体里难以释放又不得疏解的时候，人就有可能会狂暴发作，产生过激行为。

12

S	M	T	W	T	F	S
	1	2	3	4	5	6
7	8	9	10	11	12	13
14	15	16	17	18	19	20
21	22	23	24	25	26	27
28	29	30				

情绪波动记录：

情绪逆袭三十式之十二：情绪的表现与分类

愤怒——轻蔑、鄙弃、憎恶、反感、讨厌、愤慨、苦恼、烦恼、烦躁、愤恨、怨恨、仇恨、激怒、恼怒、敌视、妒忌；

悲哀——窘困、屈辱、内疚、悔悟、懊恼、羞愧、忧愁、自怜、寂寞、沮丧、悲伤、难过、阴郁、忧郁、严重抑郁、绝望、抑郁症；

恐惧——惊惧、警觉、忧虑、忧愁、紧张、疑虑、急躁、慌乱、焦虑、坐立不安、畏惧、恐怖、恐慌症；

快乐——自豪、感激、兴奋、欣喜、怡然、幸福、喜悦、欢乐、放松、自在、狂喜。

13

S	M	T	W	T	F	S
	1	2	3	4	5	6
7	8	9	10	11	12	13
14	15	16	17	18	19	20
21	22	23	24	25	26	27
28	29	30				

情绪波动记录：

情绪逆袭三十式之十三：生气的时候不要做决定

世上没有后悔药，也没有什么是无须付出代价的。不管是愤愤不平还是怒发冲冠，生气的人被强烈的负面情绪包围，意志力薄弱，不能冷静客观地分析问题，对人和事的评价往往带着偏见。这个时候做决定，尤其是牵涉他人的重要决定，99%事后会后悔，但覆水难收，后悔也没用，说错的话、做错的事都会刻在彼此的生命中，也许你能挽回什么，但如果不犯这种错岂不是更好？只要坚持住这一点——不要在生气时做任何决定。

14

S	M	T	W	T	F	S
	1	2	3	4	5	6
7	8	9	10	11	12	13
14	15	16	17	18	19	20
21	22	23	24	25	26	27
28	29	30				

情绪波动记录：

情绪逆袭三十式之十四：别带着坏情绪去工作

同样是做一件事，平心静气地做、轻松愉悦地做、心不服气不忿地做、伤心担忧地做，状态不一样，结果可能也不一样。不管事情最后做得如何，对于你来说，在不同的情绪驱使下做事，心境有差，感触有别。

在工作中我们会接触其他同事，接触客户和为我们提供服务的人，负面情绪让我们无暇顾及别人的感受，不经意间就会做出伤害他人的言行，给正常交往平添阻力，作为一个散播负能量的“垃圾人”，很难拥有稳固健康的人际关系，不利于事业发展。

15

S	M	T	W	T	F	S
	1	2	3	4	5	6
7	8	9	10	11	12	13
14	15	16	17	18	19	20
21	22	23	24	25	26	27
28	29	30				

情绪波动记录：

情绪逆袭三十式之十五：丢掉虚荣，寻找本真

心理学上认为：虚荣心是一种被扭曲了的自尊心，是自尊心的过分表现，是一种追求虚表的性格缺陷，是人们为了取得荣誉和引起关注而表现出来的一种不正常的社会情感。

追求虚荣的人往往是自卑的，对表面上荣名和光耀的渴求让他们无法客观地面对真实的自己，为了达到幻想中的境界，要么盲目攀比、搬弄是非，要么打肿脸充胖子，疲于奔命。死要面子活受罪，不如丢掉虚荣，寻找本真，为自己而活，享受独立、自信、坦诚的快乐。

16

S	M	T	W	T	F	S
	1	2	3	4	5	6
7	8	9	10	11	12	13
14	15	16	17	18	19	20
21	22	23	24	25	26	27
28	29	30				

情绪波动记录：

情绪逆袭三十式之十六：嫉妒就像心灵上的肿瘤

嫉妒是指人们为竞争一定的利益，对相应的幸运者或潜在的幸运者怀有的一种冷漠、贬低、排斥，甚至是敌视的心理状态，也是人在感觉到自己的优越感被打破，地位被剥夺时产生的焦虑、恐惧、悲哀、猜疑、羞耻、自咎、消沉、憎恶、敌意、怨恨、报复等复杂情绪。

爱嫉妒的人灵魂生了病，他们的心上就像长了肿瘤，攀比、失望、压力、痛苦的思维模式让他们受尽折磨，尤其是在求之不得的时候，无能为力的挫败感产生大量精神毒素，在沾到别人之前先击倒了自己。

S	M	T	W	T	F	S
	1	2	3	4	5	6
7	8	9	10	11	12	13
14	15	16	17	18	19	20
21	22	23	24	25	26	27
28	29	30				

17

情绪波动记录：

情绪逆袭三十式之十七：坏情绪不是伤害他人的理由

心情不好的时候，说话容易“夹枪带棒”，可能并不是针对某人发火，只是不能好好说话，自觉不自觉地就把接近自己的人都当成了情绪垃圾桶。你很清楚这样做不好，却不够清楚这样做带给你的害处。

人际关系有着十分微妙的情绪平衡机制，当你作为负面刺激源给别人带来消极影响时，所传递的负性能量不会随着你发泄完毕而消失，反而会经过对方的思维加工转化为新的负面情绪，表面上看是你对他人发泄，但这一过程就像按弹簧，最终反作用力会打回你身上。

18

S	M	T	W	T	F	S
	1	2	3	4	5	6
7	8	9	10	11	12	13
14	15	16	17	18	19	20
21	22	23	24	25	26	27
28	29	30				

情绪波动记录：

情绪逆袭三十式之十八：低下你高昂的头

人应保有内心的自豪，有傲骨而无傲气，你要自信，要自爱，却不应该自负而轻视他人。傲气太满会导致自我意识过剩，把“我”看得太重，把关于“我”的得失看得太大，难免落入敏感脆弱、斤斤计较的思维陷阱，而这世界偏偏不是以谁为中心运转的，非要较这个劲，只能平添痛苦。

与人交往时，要时刻提醒自己，谦逊才能博得人的好感，低下头来做事，不会被人小瞧，昂起头来吹牛，才会遭到鄙视，只有尊重别人，关注别人的感受，才能被人喜欢和接纳，得到更多帮助。

19

S	M	T	W	T	F	S
	1	2	3	4	5	6
7	8	9	10	11	12	13
14	15	16	17	18	19	20
21	22	23	24	25	26	27
28	29	30				

情绪波动记录：

情绪逆袭三十式之十九：对拒绝说声谢谢

我们都被拒绝过，都知道被拒绝不好受，不论你是美是丑，是穷是富，从事什么工作，都不能逃避那些求而不得的屈辱与尴尬。但要记住，每一个成功的人都经历过黎明前的黑暗，你可以克服自己的恐惧，知耻而后勇，也可以认识到自己的极限，不再强求，唯独不可以沉溺在被泼冷水的沮丧中埋怨他人、埋怨社会。是拒绝让你成长，让你知道哪里还做得不够，也是拒绝大胆提醒你努力的方向出了问题，帮你及时“刹车绕行”，所以感激那些拒绝你的人，他们让你的人生更完整。

20

S	M	T	W	T	F	S
	1	2	3	4	5	6
7	8	9	10	11	12	13
14	15	16	17	18	19	20
21	22	23	24	25	26	27
28	29	30				

情绪波动记录：

情绪逆袭三十式之二十：化解猜疑情绪——猜来猜去成“套中人”

疑心生暗鬼，猜忌惹事端。内心缺乏安全感的人容易患上“疑心病”，虚构一些因果关系去解释自己身上发生的事和别人的行为，总是把情况往坏处想，把别人的言行往不利自己的方向想。因为假想敌过多，假想出来的中伤过多，所以心怀忧虑和委屈，不能信赖他人，恨不得筑起铜墙铁壁把自己保护起来。这种对心灵交流的封闭隔绝了无中生有的“恶意”，也隔绝了真正的善意，让疑心病患者成了“套中人”。

S M T W T F S

S	M	T	W	T	F	S
	1	2	3	4	5	6
7	8	9	10	11	12	13
14	15	16	17	18	19	20
21	22	23	24	25	26	27
28	29	30				

21

情绪波动记录：

情绪逆袭三十式之二十一：猜疑心理自我调节

猜疑心理的一大动因就是消极自我暗示，为打消捕风捉影的瞎猜，我们应该学会用积极心理暗示抵抗猜疑带来的坏情绪，比如：

1. 相信没有人想害我。没人想害你，所以别人窃窃私语不是在说你的坏话，他们单独行动只是巧合，不是在谋划算计你。

2. 相信别人表达的善意是真的。你值得夸奖，值得喜欢，不怀疑别人的前提是不要怀疑自己。

3. 相信一切都很好，无须担心。杯弓蛇影不会出现真的毒蛇，你担心忧虑的那些事基本也不会发生，别自己吓自己。

S	M	T	W	T	F	S
	1	2	3	4	5	6
7	8	9	10	11	12	13
14	15	16	17	18	19	20
21	22	23	24	25	26	27
28	29	30				

22

情绪波动记录：

情绪逆袭三十式之二十二：.抱怨太盛惹人烦

人脑的工作方式就像肌肉一样，接收过多负面信息，可能导致当事者变得麻木，不自觉地按照消极的方式行事。抱怨绝不是一个人的单独行为，它是一种对负能量不负责任的释放，会感染那些听到抱怨、牢骚的人，让他们的情绪受到影响，变得消沉、悲观、焦躁。

爱抱怨的人不受欢迎，因为于事无益的消极言论折磨着他人的耳朵，也侵害着他人的心灵，所以满腹牢骚的人就算开始能引起周围人的注意，最终也会被排斥、被厌恶，工作、生活更加不顺。

23

S	M	T	W	T	F	S
	1	2	3	4	5	6
7	8	9	10	11	12	13
14	15	16	17	18	19	20
21	22	23	24	25	26	27
28	29	30				

情绪波动记录：

情绪逆袭三十式之二十三：好汉不提当年勇

总提“想当初……”的人，心里藏着恐惧和忧虑，正是感觉到成功经历的远去，害怕风光不再，才反复调取记忆里能给情绪带来积极刺激的片段，看似说给别人听，实际是说给自己听，强化过去体验过的欣快感，力图唤起沉睡的自信和热情。

真是好汉，就不需要把曾经的功绩挂在嘴上，只要继续创造佳绩，不断打破自己的纪录，创造新佳话，他人自会对你挑起大拇指，赞扬当前的成果顺便传颂曾经光辉的历史，说不定还会对你以前的经历夸张和美化，变成激励他人的传奇故事。

24

S	M	T	W	T	F	S
	1	2	3	4	5	6
7	8	9	10	11	12	13
14	15	16	17	18	19	20
21	22	23	24	25	26	27
28	29	30				

情绪波动记录：

情绪逆袭三十式之二十四：不公平，是生活的一部分

要知道，世间根本没有什么绝对的“公平”，有些事让你感觉到公平合理，无非是自己的利益得到了保证，你比别人强，不公平也成了理所当然，你不如人，则抱怨起世道昏黑、有违天理，把自己当尺子丈量这世界是否公平，是不成熟的表现。

正是因为一开始的不公平，才有了后来的奋起直追和惊人逆转，人存在的价值，也是在各自不同的地方才体现得更为深刻。少去衡量公平与否，因为我们不是神，多去感激自己拥有的，做最好的自己，命运才会向你倾斜。

25

S	M	T	W	T	F	S
	1	2	3	4	5	6
7	8	9	10	11	12	13
14	15	16	17	18	19	20
21	22	23	24	25	26	27
28	29	30				

情绪波动记录：

情绪逆袭三十式之二十五：别为琐事耗心神

生活要简单，理想要高远，心里放着大大的理想，为了成为想成为的那个自己，每一天脚踏实地地努力奋斗，哪有那么多精力去纠结旁枝末节的小事？你可以没有什么雄心抱负，可以不想要出世成功，但至少应该坚持让自己幸福，所有有碍幸福感的琐碎麻烦，尽量看淡一些。

因为菜市大妈少给你称了一两土豆，又是吵架又是生气的，劳心伤神，多不值。其实生活中很多堵心的事都如那一两土豆，没什么大不了，只要你不纠结、不郁闷，少那一丁点儿根本伤不到你。

26

S	M	T	W	T	F	S
	1	2	3	4	5	6
7	8	9	10	11	12	13
14	15	16	17	18	19	20
21	22	23	24	25	26	27
28	29	30				

情绪波动记录：

情绪逆袭三十式之二十六：平淡中体会幸福滋味

平淡是福，活着是福，眼见的美的丑的都是幸福，懂得感恩，懂得珍惜，粗茶淡饭比山珍海味还可口，让人能透过表面感知他人的内心，从而获得深刻的思想交流。能从平淡生活中汲取幸福感的人是这个世界上毫无疑问的胜者，处在进化的顶端，获得了享受最好生命过程的能力。与他们相比，其他的人则因为进化不完善，在心理层面仍不够成熟，表面上看是居高临下嫌弃身外之物不够好，实际上是用自己的快乐和健康为代价闹别扭，成了现实的牺牲品。

27

S	M	T	W	T	F	S
	1	2	3	4	5	6
7	8	9	10	11	12	13
14	15	16	17	18	19	20
21	22	23	24	25	26	27
28	29	30				

情绪波动记录：

情绪逆袭三十式之二十七：应对应激反应的方法

遇到突发情况时，位于大脑基底部的下丘脑与垂体腺会释放出促肾上腺皮质激素，然后经过血流运行到肾脏上方的肾上腺，产生肾上腺素，进而向全身的腺体发出信号——或战斗或逃避，帮助人幸存下来。

应激反应让人产生激烈的情绪波动，理智和冲动就在一念之间，如果感觉理智正在远去，冲动之下可能会做出后悔的决定，你应该马上离开产生应激刺激的环境，转换角色，去做别的事，出去走圈、唱歌、喝水、上厕所、用冷水拍拍脸，都可以分散注意力，平复过激的心情。

28

S	M	T	W	T	F	S
	1	2	3	4	5	6
7	8	9	10	11	12	13
14	15	16	17	18	19	20
21	22	23	24	25	26	27
28	29	30				

情绪波动记录：

情绪逆袭三十式之二十八：放弃报复情绪

报复心理是在社会交往中欲以攻击方式对那些曾给自己带来挫折、不愉快的人发泄怨恨、`不满的一种情绪。会想到报复，首先是因为对自己不利的境遇做了外部归因，将负面情绪的原因归结为他人的行为，进而相信只要惩罚或除掉对方，自己的负面情绪也会随之消减。这种以伤害他人换取欣快感是一种卑劣且危险的思维定式，它不但不会让人幸福，反而会把正常、积极的生活拖进阴暗的深渊。放弃报复情绪，不要用别人的错误惩罚自己，什么都比不上内心的平和对你更有好处。

29

S	M	T	W	T	F	S
	1	2	3	4	5	6
7	8	9	10	11	12	13
14	15	16	17	18	19	20
21	22	23	24	25	26	27
28	29	30				

情绪波动记录：

情绪逆袭三十式之二十九：大胆说出你的善意

相信语言中蕴藏的巨大力量，我爱你、我喜欢你、谢谢、有你真好、你帮了大忙了、全靠你了、我相信你、祝福你、你真棒、加油等直率表达好感和善意的词句要经常使用。对着镜子练习笑容，克服害羞的心理，至少每天笑着说出其一，一段时间后你会感觉到自己的人际关系在改善，生活中积极正面的情节在增加，不要吝啬一两秒钟的时间，传递温暖，发散积极情绪的正能量，让你自己的存在对别人、对社会更有价值，别人和社会返还给你的价值绝对更多。

30

S	M	T	W	T	F	S
	1	2	3	4	5	6
7	8	9	10	11	12	13
14	15	16	17	18	19	20
21	22	23	24	25	26	27
28	29	30				

情绪波动记录：

情绪逆袭三十式之三十：填满贪婪的无底洞

人心难测、欲壑难填，但是我们有办法填满贪婪的无底洞，方法就是转换贪求的对象，从低等的物质堆积，向高等的心理体验提升。对金钱贪婪，不过是想买更多、更好的人造产品，买回来之后，吃不过一日三餐，用不过从头到脚，心若不满，东西就总不够好、不够多，最终追求的还是心理的满足和愉悦。如果能从宽容助人、乐善好施中感受快乐，能从豁达、广博的心胸中得到自我认可、自我实现，正确理解人生的成就，那么对幸福的贪图就没什么不好，你幸福，世界也跟着幸福。

别让情绪毁了你

——不失控的正能量情绪掌控术

李晓璇 编著

天津出版传媒集团
天津人民出版社

图书在版编目（CIP）数据

别让情绪毁了你：不失控的正能量情绪掌控术／李晓璇编著．—天津：天津人民出版社，2014.1（2014.12重印）

ISBN 978-7-201-08491-6

Ⅰ.①别… Ⅱ.①李… Ⅲ.①情绪－自我控制－通俗读物 Ⅳ.①B842.6-49

中国版本图书馆 CIP 数据核字（2013）第 291561 号

天津人民出版社出版

出版人：黄 沛

（天津市西康路35号 邮政编码：300051）

邮购部电话：（022）23332469

网址：http://www.tjrmcbs.com

电子信箱：tjrmcbs@126.com

三河市兴达印务有限公司印刷 新华书店经销

2014年1月第1版 2014年12月第2次印刷

690×980 毫米 16 开本 16 印张

字数：200千字

定价：32.80元

每天一页，每天好心情！

过去，有境界意味着对他人奉献，脾气好、态度好也是为了让他人舒服。而现在人们渐渐意识到，心宽脚下的路才宽，人好头顶的天才晴，笑容挂在脸上，不仅别人看在眼里舒服，自己心里也会轻松舒坦，心情好则百病消，身体健康了生活品质才有保证。这“境界”虽然能影响他人，归根结底还是作用于自己。

但生活中总有那么多堵心的“坏人坏事”，让你的心被负面情绪困扰，愤怒、紧张、忧虑、悲伤的乌云遮住了笑容，也遮挡住了你发掘幸福的“探测器”。失控的负面情绪让你吃不香、睡不熟，病痛不断，麻烦不停，简单小事搞复杂，复杂工作更是无心应付，感觉世界一片昏黑，看周遭的人们怎么都不顺眼，动不动就“火山爆发”口出恶言，伤了亲友的心，更伤自己的身。

我们也和你一样不能消灭负面情绪，因为它是人心的一部分，它令人不快，随时可能袭来，但对我们而言，它却仍旧与积极情绪同样重要。在这本书里，我们会带你一起研究发生在他人身上的典型案例，找到负面情绪如山洪猛兽一样脱离你掌控的原因，并告诉你如何科学合理地疏解内心的积郁，不再计较和苛求，张开怀抱拥抱生命的阳光；教你如何把坏脾气“五花大绑”丢回笼子里去，时刻保持理智、清醒，变得豁达、气度不凡；教你如何像安抚受惊的小猫咪那样安抚自己焦虑紧张的内心，抛开得失、放下执念，享受平和恬淡的小日子。当然，打扫干净、焕然一新的精神城堡要住进新的主人——我们会帮你重新认识自己的情绪能量，把快乐、满足和感激注入你的意识深处，依靠它们强大的魔力引领你进入正能量满满的上升轨道。

你会发现，当心智成熟、内心自由而强大了，笑对人生、直面挫折的挑战，成为人见人爱的“开心果”并没有想象中那么难。只要一点点改变，迎来的将是家庭关系的和睦、同事合作的融洽、事业步步生机的良性循环。你热情，世界报你以热情，你坚持成为更好的人，命运会以更好的馈赠为你加冕。

你的人生与任何别的人都不同，是绝对的“限量版特供”奢侈品，每一天、每一分钟，都要活出专属于你的精彩。还等什么呢？就从现在起，告别压力山大的躁动，放下患得患失的纠结，随我们一起踏上心的旅程，找到那把解开心锁的钥匙，召唤情绪正能量，掌控完美新生活。

第一章　情绪决定生活品质

1. 境界决定心情 / 002
2. 情绪让你把简单的事情变复杂 / 005
3. 别让“情绪病”缠上你 / 008
4. “闹情绪”要闹到点子上 / 011
5. 为什么智商越高越容易患“情绪病” / 014
6. 好心情是身体的灵丹妙药 / 017
7. 好情绪是幸福生活的第一要素 / 020

第二章　死胡同也能走通——情绪可以由你调控

1. 感知生命的美好面 / 026
2. 发现身边的正能量 / 029
3. 跟自己讨论讨论坏情绪是如何发生的 / 032
4. 调控的目标是“冷静”与“理性” / 035
5. 情绪不稳定时更需要深思熟虑 / 038
6. 好情绪在于自我管理 / 041
7. 多给自己积极的心理暗示 / 044
8. 包容生活的不完美 / 047
9. 别跟全世界都较劲 / 050

第三章 把你的“不爽”转移到合适的地方——关于情绪的“移花接木”

1. 如果看电影让你不爽，那不如试试听音乐 / 056
2. 身心俱疲时放下工作独自远行 / 059
3. 脑子太满运作不畅，该遗忘的就遗忘 / 062
4. 要知道，你或许是很多人羡慕的对象 / 065
5. 警惕身边的“情绪污染” / 068
6. 用你的情绪正能量去感染他人 / 071
7. 宠辱不惊，主动掌控情绪 / 074
8. 要有主见，但不要有偏见 / 077
9. 将镇定培养成你的习惯 / 081
10. 内心强大，情绪即可收放自如 / 085

第四章 做有热度的人——正能量的选择与积累

1. 做一个内心自由的人 / 092
2. 快乐应成为生活态度 / 095
3. 坚持你的信念 / 098
4. 相信希望总在前方等你 / 101
5. 你热情，世界报你热情 / 104
6. 心智成熟了，情绪才能积极 / 107
7. 让精神生活丰富起来 / 110
8. 谁的人生没有下坡路？逆境中保持平和心态 / 113
9. 能包容的人拥有情绪正能量 / 116
10. 简单生活轻松过 / 119
11. 良好的家庭气氛会帮你建立情绪正能量 / 122

第五章　释放身体中的负能量

1. 负能量导致肌肉紧张 / 128
2. 找个没人的地方尽情宣泄 / 131
3. 吵架也是一种释放 / 134
4. 有想法应说出来，别总压抑着 / 137
5. 情感垃圾要果断丢弃 / 140
6. 负能量太多时，需反省自己 / 143
7. 不能改变就要学会接纳 / 146

第六章　愤怒时，别失控

1. 别拿别人的错误惩罚自己 / 152
2. 换位思考才能理解他人 / 155
3. 无谓的冲突最愚蠢 / 159
4. 伤人的话，一句也多 / 163
5. 遭遇挑衅，愤怒就是上当 / 167
6. 应对愤怒的态度展现一个人的理智程度 / 170
7. 从容面对生活中的“恶心”事 / 173
8. 常常愤怒，不如装装糊涂 / 176
9. 人际摩擦在所难免，不愤怒也不逃避 / 179

第七章 焦虑时，学会自我“排毒”

1. 焦虑是一种精神毒素 / 184
2. 倾诉法永远是最实用的“排毒”方 / 187
3. 太多焦虑源于“想太多”/ 190
4. 消除焦虑最好的方法是将压力转化为动力 / 193
5. 丢掉幻想，给自己一个切合实际的定位 / 196
6. 允许自己犯点错，别过于苛求 / 199
7. 多些行动，少些思虑 / 202
8. 豁达才是大智慧 / 205
9. 活在当下，把握现在 / 208

第八章 忧郁，会让你整个人都黯淡无光 / 213

1. 心情阴郁时，不妨到有阳光的地方走一走 / 214
2. 自卑，是因为缺少对自己的欣赏 / 217
3. 一时得失别太斤斤计较 / 220
4. 没有一帆风顺的人生，遇到挫折仍需前行 / 223
5. 坦然面对生活中不幸 / 226
6. 告诉自己：你可以的！ / 229
7. 患得患失耗尽精神 / 232
8. 寻找解你心锁的钥匙 / 235
9. 想哭时就大声哭，不必强忍悲伤 / 238
10. 再艰难的时光也是限量版 / 241

第一章

Chapter

情绪决定生活品质

人的一生长不过百年，其中不少时间被用于与其他动物并无区别的维持生存，余下的宝贵时间中所做的事，才让我们堪称“万物之灵”。大多数人终日浑浑噩噩，被各种麻烦包围，被郁闷愁苦所困扰，而能够敞开心扉，将幸福快乐作为生活常态、活出人生精彩，以好心情畅想生活品质的人，只有区区数成。

1.境界决定心情

什么叫境界？舍己为人不惜肝脑涂地那是境界，以德报怨不顾血海深仇那是境界，行至水尽山穷，依然笑看云卷云舒，那也是种境界。常听人说大境界成就大事业，境界的高度决定着人生的高度，于是打坐、禅修，聆听大师讲座，我们开始四处寻求境界飞升的捷径，殊不知，当“境界”成了发大财、成大势的砝码，成了打肿脸也要去装的“漂亮表情”，就完全失去了它缔造幸福的超级魔法，反而成了沉重的负担。

老王今年40整，心眼小、脾气暴，作为大型企业的中层领导，不上不下的位置让他有些焦躁。一日听大领导演讲，说到人生境界时慷慨激昂，老王对境界不境界的宣讲内容倒不感冒，只是眼看大领导站在那么多人面前，接受山呼膜拜，享受雷鸣掌声，让他心里非常羡慕，他也想那般成功。几天之后机会来了，许是受了大领导的影响，公司决定给中层以上干部举办一个管理培训班，主题就是“修炼人生境界”，老王可来了劲儿，摩拳擦掌赶忙报了名。

讲课的大师说：人生境界决定人生高度；地上种了菜，就不易长草，心中有了善，就不易生恶；屋宽不如心宽，有钱不如有闲；慈悲没有敌人，智慧不起烦恼。大师还说：有境界的人心态好，分分钟应对压力、解决冲突，遇到逆境不战而胜，身体健康不得病，人际关系和谐，人见人爱、花见花开，事业有大成，财富滚雪球，老婆开心，丈母娘放心，简直就是你好我好大家好。老王听得心悦诚服，他心想，不就是境界么，讲起来复杂做起来简单，还不就是没心没肺傻高兴，被人家打了左脸，赶紧把右脸擦干净递上去，再笑眯眯来一句“劳驾您受累”，从今往后，弥勒佛他老人家什么表情，咱就什么表情。

培训结束后新一轮竞岗在即，老王努力回忆着大师的箴言，以往难以容忍的事一概以笑容应对，早晨上班开会笑呵呵，晚上加班改报告笑呵呵，客户发难他笑呵呵，手下伺候不到位他还笑呵呵。头两天勉强还能忍耐，时间一长，他就有点憋不住火，看不顺眼的事跟以前一样多，愤愤不平的情绪经不起琢磨。不出一个礼拜，他就又回到了斤斤计较、挑剔暴躁的老路上，不出意外，竞岗失败，升职无望。

这件事之后，老王的脾气比以前更坏了，看领导的眼神也从羡慕变成了恨，他心里骂道：什么大师，什么讲座，都是江湖骗子拿来办培训骗人的，满嘴假仁义。这次竞岗成功的那个小王，不就是嘴甜会做人嘛，哈巴狗一样内外巴结，才深得领导同事喜爱，让他王大主任放下威严低下头，门儿都没有。

话说，境界到底是个什么玩意儿？所谓的“境界一提升，生活马上变轻松”到底是不是江湖骗子拿来骗人的呢？其实我们所要调整、提升的境界，不像老王理解的那么肤浅。当然，一个人的人生观、价值观、世界观，也就是我们所说的“人生三观”，受其生长环境和思维模式影响，并非一场讲座、一次学习就能彻底改变，但通过学习对情绪掌控来提升个人境界并非难事。学着做一个心胸豁达的人，能够理智、宽容地看待世界，能够怀着感恩、奉献的心去对待他人，他所领悟到的人生哲学，就比一个以自我为中心，对他人苛刻，对社会不满的人要高出很多层次，境界对于他而言，不是强颜欢笑，而是善良内心自然地流露。就拿老王和小王来说，同样是给前台打电话叫秘书来取一份文件，秘书接到电话的时候正准备去趟洗手间，撂下电话没想太多就先去了，耽搁了几分钟。敲开老王主任的办公室，劈头盖脸就先挨一顿骂，“你是爬着来的吗！这么几步路滚也该滚到了！怎么能耽误这么久！”敲开小王经理的办公室，取了文件还听见一句“辛苦你跑一趟，多谢了”，临出门小王还给了一包饼干说怕她和前台的几个小姐妹下午饿。换作我们是秘书，也不愿意老王那样的人做领导吧？而老王眼中“嘴甜会做人，哈巴狗一样内外巴结”的小王，根本就没有什么特殊人情关系，只是能与人为善，尊重领导，照顾下属，为自己营造了良好的人际关系网。从中他能得到的信息比别人多，得到的帮助也比别人多，公务处理得圆满，他自己心情舒畅，与他接触的人受其感染也跟着心情好，如此的“好人”，在公开竞岗中升职加薪是情理之中的事情。

有方法，不会卡

想要提升人生境界，你先要明白：

1. 提升人生境界**绝不是急功近利**就能做到的事，通过读书、听讲座、旅行、与有境界的人交流，才能拓展自己思维的疆界，驱散内心的阴霾，也才能感悟更多的人生哲理。

2. **一言一行向有人格魅力的成功人士靠拢**，慢慢地我们会发现自己在发生改变，自己的生活在发生改变，自己周遭的人和事也在改变。因为你吸收到优秀的思维方式和处事方式，并将之带入你的生活。

3. 每天工作兴致勃勃，遇到曾让自己抓狂的人和事能一笑而过，凡事多为他人着想，在尊重每一个人的基础上**充分体谅**他人的苦衷，**广结善缘**，普种善果，自然能够多些好运相伴，少些坎坷挫折。

2. 情绪让你把简单的事情变复杂

再复杂的大事业，也是由一环套一环的简单步骤组成的，国宴上那道龙飞凤舞的头菜，也需要厨师将食材一样一样选取择洗、一刀一刀切削雕刻。大事所成的难易，往往不在于它需要多长时间、多少人工，关键在于如何处理好最不起眼的细节之处。事情总要靠人来做，成败系在人身上。

当负面情绪膨胀、思绪混乱的时候，即便很简单的小事都容易做错，就算身边有明白人提醒指点，心烦意乱的人又如何听得进逆耳忠言，有些情况下，不仅不听劝，甚至会把好心当成“驴肝肺”，逮谁对谁发作一番。

艾琳在银行工作已经有三个多月了，出身名牌大学财经系的她手握闪闪发光的各种证书，讲得一口流利英语，形象气质俱佳，却与一同进入单位的其他同事一样被安排在柜台做个人存储业务。每天面对形形色色的人，真是“数钱数到手抽筋”，别说什么金融大单跨国交易了，柜台个人业务成天都是些小额存取款，老百姓交水电费的、开卡销户的，老头老太太办小额理财的，跟她苦学四年的国际金融专业完全不沾边。这让她心中不忿，感觉简单得近乎体力劳动的工作内容让她受到了轻视和屈辱。特别是负责带她的领导周姐，更让艾琳心中憋气。周姐从一个名不见经传的三流学校毕业，年纪也不大，身材微胖，长得不好看，却每天对她挑三拣四、吆五喝六，指挥她做这做那，还支使她做些杂活，稍微犯点错误就会被她严厉批评，什么小心小心再小心，谨慎谨慎更谨慎，戒骄戒躁心态放平稳。艾琳心想，大道理谁不懂？你坐在我这位置上试试！烦都烦死了，怎么竟是不带着脑子来存钱的，说了八百遍还是把单子填错！解释得口干舌燥还是听不懂，成天接触这些笨人让我怎么能冷静！可就是这看似理直气壮的不冷静，终于让艾琳吃到了大苦头。

那一天，艾琳又受了周姐的气——放着年轻力壮的男同事不支使，竟然叫她一起搬钱箱。半米见方的钱箱子装满了钱，要想搬动可不是轻而易举的事。再说，她早晨上班时候都说了腰酸，身体不适，心想周姐是故意刁难还是怎么的，非跟自己过不去。艾琳一心认定，周姐就是看自己优秀又漂亮，心里嫉妒，想给自己小鞋穿。好不容易干完苦力活，两人坐在窗口开始一天的工作，周姐照例坐在艾琳身后，按照银行的要求，作为带她的师傅看着她做业务，关键时给予指导。艾琳在周姐的"监视"下如坐针毡，加上上午几位客户态度都不善，使得她心里的怒火越烧越旺，终于在她又一次对客户不耐烦的时候，周姐出声提醒了。话说得并不重，只是让她注意工作态度，但在艾琳听来，这就是人身攻击，就是鸡蛋里挑骨头，她狠狠敲击着键盘，手中的圆珠笔摔在桌子上"啪啪"响，点钱总是出错，越出错越烦。周姐见她这样，劝又不听，只好起身去找值班经理报告。就在周姐离开的几分钟里，艾琳闯祸了——她被气昏了头，竟然违反工作纪律，掏出手机给闺蜜打电话，一边数落周姐的不是一边给客户做取款业务，等客户走出银行才发现鬼使神差地多点了两万元。值班经理跟着周姐来找艾琳的时候正看见她冲出银行，揪着那位取钱的客户高声争吵。此时的艾琳已经顾不上什么职业规范什么理智形象，一肚子的委屈都化作指责发泄在了那位"缺德贪财"的客户头上，她像泼妇一样跟急于离去的客户厮打在一起……为平息事态，银行领导对客户再三赔礼道歉，两万元作为补偿金赠予客户，才暂时解决了这场风波。受到通报批评处罚的艾琳彻底泄了气，颜面扫地不说，两万元补偿款最终也要她来承担，还要写检查，在所有同事面前检讨错误。

事情到这里已经够麻烦了，却远远不是终结。一个月后，艾琳收到了法院民事传票，那位与她厮打的客户因为被她扇耳光导致外伤性鼓膜穿孔，如果最后经法医鉴定为轻伤，艾琳不仅要赔偿对方经济损失，还有可能被追究刑事责任。艾琳被银行开除了，失去"金饭碗"的她将独自面对诉讼，她哪里会知道，就在出事的前一天，那个惹她仇恨诅咒的周姐已经向领导提交了报告，推荐条件拔群、能力优秀的艾琳前往总部参加国际金融人才培训，她梦寐以求的大好前途已然近在咫尺了……

回顾艾琳的故事，明明是简单的工作，以她的能力完全可以不费吹灰之力完成，她却带着情绪去做，透过恶意看人，把历练都理解为“刁难”，最终把一笔简单的业务搞成了复杂的灾难，害了自己。如果能够虚心接受前辈的指导，能够善意理解单位锻炼、培养新人的良苦用心，能放下骄傲自负和斤斤计较，迎接她的一定不是如此结果。

对于初入职场的年轻人来说，艾琳的经历并不陌生。接触新工作千头万绪，与新领导、新同事的协作尚待磨合，可能会觉得自己的工作技术含量不高。什么打印复印传真、布置会议室、采购办公用品，写格式化的报告、给领导端茶倒水、给前辈们打打下手，做得多了心中腻烦，总想“干大事”来证明自己的能力。结果反而越急躁越容易出错，越想“干大事”，越干不成事。

有方法，不会卡

避免坏情绪侵扰，首先要争取在简单小事上不出差错：

1.有冲劲儿、有抱负、有积极进取的精神是好事，但要注意把握“**度**”。

2.做好每一件小事，**细节上出彩**，本身就能彰显个人能力，领导和同事都看在眼里，心里有数。

3.**切勿太激进**，要记得：心急不但吃不了热豆腐，反而会被烫了嘴。

3. 别让“情绪病”缠上你

“情绪病”，不同于正常的情绪低潮或心情低落，是现代都市生活高压之下，人们由于心理障碍催生出的一系列心理、生理疾患的统称。这种严重的情绪困扰有明显持续性，犯了“情绪病”除了心中烦闷、紧张、焦虑、惊惧、多疑、悲伤，身体也会出现疼痛、痉挛、疲惫脱力、失眠健忘、心悸胸闷、消化功能紊乱等症状。有些人患了“情绪病”，周身不适，花费大量金钱检查、化验，却查不出个所以然，药品补品没少吃，却仍旧不见好转，周而复始，恶性循环，导致工作不顺、家庭不睦、社会关系不和谐，因其巨大危害，“情绪病”堪称“心理癌症”。

陈媛是我的同事，时年36岁，作为律师正是大展拳脚、事业上升的阶段，却因为不明原因的各种病症难以正常工作，暂停了全部业务住院疗养，她正是遭遇了这个难缠的“情绪病”。

说起我这位同事，当真是蜀地出身的“小辣椒”一枚，性格泼辣，个性强硬，对自己要求极高。随着年龄增长，家中父母年事渐高，孩子读书考学的大事接踵而来，而她正值事业高速发展期，接手的案子越来越复杂、疑难，她开始渐渐感觉力不从心：想要多照顾家庭，怕耽误工作；想要专注于工作，又担心父母垂暮孤寂、孩子年幼受委屈。左右为难，只有一再压缩、逼迫自己，用更少休息、更多辛苦勉强去维持家庭与事业的平衡。但心里的重压让她很难真正同时做到完美律师、完美妈妈、完美女儿和完美太太，拖着疲惫不堪的身体高负荷运转，她发现自己越来越敏感，因为一点小分歧就能跟丈夫大吵一架，对于父母的唠叨也越来越难忍耐，儿子调皮不懂事，怎么说都不管用，她只好选择体罚，好几次在气头上打了儿子的屁股。这些不得已而为之的“恶事”让她懊恼，每每情绪难以自控，又不能对外人发泄，就会跟家人发生冲突，而情绪平复之后，又会因为伤害了最亲爱的家人悔恨不已，她的骄傲又不允许她展露脆弱一面，她不允许自己像个小女孩一样对同事诉苦，也不想跟家人沟通心里的郁闷，只得借酒浇愁、暗自垂泪，打碎牙往肚子里咽。

就是这样，陈媛的“心病”慢慢变严重了，她开始大把大把地掉头发，晚上睡不安稳，白天吃饭没胃口，早晚会莫名其妙的低烧，频繁感冒闹肚子，工作时间稍久就会有非常严重的偏头痛，原本白净的脸蛋上长出一层疱疹，厚厚的粉底也掩盖不住，胸闷、胃痛、关节痛更成了家常便饭。为此，她接连去了内科、外科、皮肤科、牙科、神经内科、骨科、耳鼻喉科，开了瓶瓶罐罐一堆药，从早吃到晚，还是不起任何作用，最终在心理医生的治疗室内，找到了病根——让她受尽折磨的罪魁祸首正是“情绪病”。

在家人的强烈要求下，她终于决定暂时放下工作，接受医生的心理治疗，避免病情进一步恶化。

有方法，不会卡

“情绪病”可怕，但又不可怕，它不像肿瘤、外伤那样需要大动干戈的做手术，也不会毫无征兆突然发生，这就给了我们防微杜渐、从一开始就把它关在门外的机会。让我们患上“情绪病”的“毒苗”扎根于内心，想要远离“情绪病”，增强情绪“抵抗力”，也要从心情下手：

1.首先，**不做强大“机器人”**。人并不是按照程序运行的机器，没有人是完美的，我们也没有理由强求自己摆出完美的伪装。对自己高标准、严要求无可厚非，但硬撑着高强度地工作生活，势必会劳心劳力，伤及脏腑，过重的精神压力让“情绪病”有了可乘之机。

2.其次，**时常给情绪排排毒**。切出一部分时间给休闲娱乐，散步、读书、喝茶、唱歌、打球，约上家人或三五好友，来一场大汗淋漓的运动比赛，或在慵懒午后分享心中好的不好的大事小情。有了情绪，就该坦率地表露出来，可以是对伴侣、对朋友，甚至对网友、笔友，或是一个空空的树洞。我们都只是渺小脆弱的人，互相依赖取暖，互相扶持宽慰，再自然不过。生命的美好，正是在心与心的沟通、人与人真挚交流中才得以展现，停下来，用心体察世界的瑰丽，感受友爱、情爱的温情，生命的力量才得以丰盈。

3.最后，**学会取舍**。老祖宗千百年前就总结道："舍得，舍得，有舍才能有得"，我们都盼望爱情事业双丰收，家庭工作两不误，想把所有幸福都牢牢攥在手心，却忽视了内心能够承载的负荷。审时度势，该撒手时就撒手，**生活中多做减法**，心中便能轻松许多。

4.“闹情绪”要闹到点子上

情绪一直都在，积极乐观与负面情绪就如同光和影，有些时候我们在不经意间就用光明驱散了阴影，一些突然降临的快乐，一些小小的感动，就像一颗一颗小太阳，把囤积在心里的冰块融化；而有些时候，来不及融化的小冰块会在持续“阴雨”的心中累积成一块大冰坨，它释放的阴冷气息让我们心中久久不能“放晴”，再不处理就可能酝酿出排山倒海的暴雨狂风。

学会“闹情绪”，通过有的放矢的宣泄，成为自己的“情绪拆弹部队”，避免无谓的“火山爆发”，以免让苦心经营的良好人际关系毁于一旦。

小秋是一家小型广告公司的普通白领，平常工作忙碌，压力也比较大，为了拼绩效，每天都被任务撵着屁股跑。她和丈夫结婚已经三年了，小日子过得富裕又有情调，美中不足的地方——公公婆婆急着抱孙子，可小秋的肚子却一直没有动静。之前他们也只是不冷不热地敷衍着，最后婆婆决定搬到城里跟他们小两口住在一起，借口说他们两人工作都忙，她过来能帮忙做饭收拾屋子。可小秋心里明白，那哪儿是帮忙啊，还不是怕她不肯要孩子，过来催促的。

开始的一段时间，一家三口还算相安无事，但时间长了作为“外人”的小秋就有点受不了了。婆婆没什么文化，对小秋这样每天拼命工作的“女汉子”很有看法，在她心里，女人嘛，伺候男人、生养孩子，把家里照顾妥当比啥都重要。可是小秋呢，起早贪黑的上班，在婆婆来之前夫妻俩甚至没在家吃过一顿像样的早餐，总是急急忙忙起床，冲出家门在路上随便买点东西填肚子；到了晚上，小秋又总是加班，丈夫饿着肚子回家还要给她做饭，想吃点好的改善一下生活的时候就叫外卖。婆婆看在眼里，心中自然不满，嘴上就不免唠叨起来，教训儿媳妇那是丝毫不留情面。而小秋虽然是现代女性，却知道晚辈要孝敬长辈的道理，若她对婆婆有丝毫不敬，不免有看不起婆婆的嫌疑。她怕丈夫误会自己嫌弃他们母子出身农村，怕伤害丈夫的自尊，便默默打定了主意，就是心里再郁闷，面儿上也绝不表现出来，不能让人说自己是个没大没小的“恶媳妇”。

原本以为婆婆在家里住上一段没了兴致也就回自家去了，却没想到，老太太是做了长期抗战的准备，在小秋成功怀上宝宝之前不打算走了。这下可愁坏了小秋，丈夫人很憨，没心没肺的，生活有亲妈照顾以后过得很舒适，也顾不上老婆情绪的变化。而小秋在婆婆的“调教”压力下，回家越来越晚，在家里话越来越少，对丈夫的态度也渐渐冷淡，动不动就给他脸色看——惹不起婆婆，她只能在不知体谅的丈夫身上发泄满腔委屈。不明所以的丈夫也不知道自己哪儿做错了，常常是没鼻子没脸地就遭到老婆一顿抢白，当着老妈感觉很没面子，很是窝火。就这样又过了几个月，小秋夫妇虽然辛苦却甜蜜的婚姻生活不复存在，小秋越来越觉得丈夫是个狼心狗肺的混蛋，而丈夫也恼火那个温柔贤淑的妻子已经变了，有好几次两人因为芝麻绿豆大的小事吵架，几乎要动起手来。越是吵，就越觉得对方不在乎自己，他们的婚姻最后以破裂告终。

在离婚协议上签下自己名字的瞬间，小秋紧紧抿着嘴唇，心里千般不舍、万般委屈，还是没有说出口，只有故作无情，摔下笔，拖着行李箱扭头就走，留下丈夫无奈地摇头叹气——婚都离了，他也没弄明白自己媳妇哪儿来那么大的脾气，为啥成天找茬闹情绪。自古婆媳关系最是难处，小秋因为婆婆的不理解，因为日复一日被讽刺挖苦，心中有情绪实在是非常正常，她能够体谅丈夫母子出身农村，害怕自己一不小心说错话会伤害到他们的感情，也充分说明她是个通情达理、温柔贤惠的好妻子、好媳妇，但最后她又因为一味逃避真正的矛盾、乱闹情绪，又闹得不在点子上，深深伤害了丈夫，将两人原本和谐美满的婚姻推向破灭。

有方法，不会卡

那么什么叫做聪明地“闹情绪”呢？

1. 首先，**就事论事**，勇敢说出心中想法。很多时候我们不敢与人沟通，尤其是不敢说出内心真正的意见和不满，不只是温柔地为他人着想，更是一种自我保护的退缩，想要回避真正的冲突。而这种回避只会让事情越来越糟糕，要么对方不知悔改继续让你尴尬难堪，要么让你承载更多压力，需另寻一个软弱可欺的突破口，使自己反倒成了乱发脾气的火药桶。

2. 其次，**诚恳并保持克制地争吵，好过若无其事地走开**。切勿搞混了好脾气和冷暴力，对方一腔热情对着你絮絮叨叨说好多，你一个“嗯”一个“啊”就打发了，这不是温柔懂事有涵养，这是最最拱火的冷暴力——漠不关心，不作回应，伤人于无形。事实上没有关系的人之间不会争吵，争吵源自关注和干涉，尤其是亲友、夫妻之间，很多口角发生在彼此关心在乎、想要更多融入对方生命的时候，有了情绪就闹个小脾气，哪怕当时生气了，过后也会变得更加亲密。

3. 最后也是最重要的，**闹情绪不是闹革命**，不要总想着把对方一棍子打倒，让其永不翻身。正所谓“小吵怡情，大闹要命”，什么陈芝麻烂谷子翻旧账、东拉西扯捎带上不相干的人、攻击人格否定一切，动辄就以：“你全家如何如何”、“你从来如何如何”、“你这辈子就如何如何”的争吵行为已经超出了健康闹情绪的范畴，变成了失控的发泄，那样不仅不能解决眼前的问题，还有可能引发更严重的冲突。最可笑的是，失控争吵到最后，大家甚至都忘了最初是为什么事而闹的情绪。

5. 为什么智商越高越容易患“情绪病”

高智商不意味着高情商，许多智商很高的“天才”在生活和工作中由于情绪不稳定，性格孤僻、自卑、脆弱、急躁、固执、自负，不能妥善处理冲突和挫折，很难有和谐的人际关系，不能很好地发挥自己的才能，反而比智商平平的普通人过得更艰难、痛苦。

陈晨是个智商很高的“天才”，从他连续跳级，年仅23岁就拿下名牌大学博士学位和厚厚一摞证书的耀眼履历就不难看出，但他却不是一个生活幸福的人，工作也好感情也好，处处碰壁，日子过得很不顺心。

跟陈晨接触过的人除了对他极富理性的思维模式连连惊叹外，更对他不符合年龄的幼稚和无礼印象深刻。虽然大家都明白，脑袋聪明的人总有着这样那样的怪癖，也尽量去容忍他，但“容忍”已经是同学和同事们的极限，没人愿意和口无遮拦又自私自负的他成为朋友，更别提愿意做他的女友共同生活。

在身边同学的冷落和排挤中，陈晨度过了学生时代，工作之后认识了新的同事，一切却还是没有改观，这让他原本就扭曲的性格变得更加难以接近。他想不通为什么人人都看他不顺眼，都在无关痛痒的小事上找他的麻烦。久而久之，他变得孤僻起来，心想反正自己鹤立鸡群的优秀总会招致妒忌，那些愚蠢的凡人因智力低自己一等，就会想尽办法在其他方面给自己设障碍、挖陷阱，等着看自己的笑话。自从有了这种念头，陈晨越来越多地发现同事们处心积虑“谋害”自己的蛛丝马迹，他将比常人更灵敏的感知能力和逻辑分析能力用在琢磨别人的“坏心眼”上，对那些大大小小的“坑害”和“中伤”也记得更深、更久。

每天活在“战争”中的陈晨觉得自己病了，虽然每每识破别人的“诡计”并毫不留情予以还击时，他充分感受到了高智商的优越感，但那种充满恨意和憋屈的短暂快感过后，他总会更加烦躁和苦闷。这种在心头萦绕不散的负面情绪让他头痛不已，夜里总被噩梦惊醒，醒来发现自己出了一身冷汗，想到第二天上班又要面对一群“坏人”，他就开始浑身不舒服。当医生告诉陈晨，他的诸多病痛并没有生理上的明确病因，恐怕是源自无法排解的坏情绪，可能需要到心理诊所就诊，他又开始质疑起医生的专业水准，认为是医生能力不过关，故弄玄虚找些无凭无据的因由搪塞他，骗他的钱。

陈晨的案例证明了高智商的人并不能很好地管理自己的情绪。高情商的人才能透彻地了解自身情绪，继而管理情绪、自我激励、识别他人情绪，然后和谐地处理人际关系。向内审视自己的情绪，及时察觉情绪的负面波动，是对情绪做出管理的先决条件。中国有句古话说“人贵有自知之明”，正是说明人只有认识自己，了解自己，才能成为自己精神生活的主宰，进而去掌控物质世界。而调控情绪的目的不是一味曲意逢迎，压抑自己真实的感受，而是以合适的方式在恰当的情境下表现出来，从而不会沉溺于负面情绪难以自拔，能够很快度过低潮，重新起航。在正确处理自己情绪的前提下，情商较高的人还能够敏锐察觉他人的情绪讯号，能够善意理解他人向自己传达的需求和欲望，并回以恰如其分的反馈，顺利地进行沟通，正常发展友情、爱情关系。当一个人可以有意识且有效果地影响、引导他人的情绪，让他人不由自主地跟随自己，他也就具备了成功的必备要素——领导力。正所谓大智若愚，这种能力正是许多看似智商不高的“笨人”取得事业和生活巨大成功的秘诀。

有方法，不会卡

高智商人群如何防范“情绪病”？

1.高智商、低情商的人，与外界的情绪信息交换大多包围在偏执的恶意中，每当沟通中出现分歧和摩擦时，他不相信也不愿意相信问题其实出在自己身上，四处碰壁，无法解决与人难以亲近的痛苦，只能一而再再而三地否定和质疑他人，疑心生暗鬼，越想越钻牛角尖，高智商反而成了促成“情绪病”的罪魁祸首。**克服偏执狂般的自负病和疑心病，是高智商人群防范“情绪病”的第一招**。

2.跳出以自我为中心、不顾他人感受的思维模式，**多去模仿和学习他眼中“蠢人”的为人处世方法**，转变让人避之唯恐不及的攻击态度，就能感受到与以往完全不同的人际氛围，“情绪病”没了负面情绪这个能量源头，自然也会逐渐康复。

3.情商不提高，其他一切方法都是治标不治本，通过有意识地学习和练习，**逐步改善情商**，人际交流多些顺畅，负面情绪自会减少。

6. 好心情是身体的灵丹妙药

当代医学已经充分论证了心情对疾病康复的重要影响，心情好坏在很大程度上决定了人体免疫力的强弱，纽约州立大学的心理学家曾进行过多次关于心理与疾病相关联的长期实验。研究发现：成年人在遇到好事、有好心情时，体内会有更多的抗生素来抵抗病毒，心情越糟，体内抗生素越少，性格沉郁、心情不好的人免疫系统会被削弱，更容易感染疾病。

俗话说“笑一笑，十年少”，爱笑的露露今年33岁，已经是一个孩子的母亲，样貌却还像二十多岁的年轻女孩一样，加上新潮的打扮、健美的身材和嫩白的皮肤，常被人误以为还是高校女生；而露露的丈夫李树彬，与她是大学时的同班同学，年龄上只大她几个月，看上去却十分苍老，脸色晦暗，没精打采，还有点儿谢顶，活像四五十岁的“大叔”。有时候俩人出去逛街，露露亲昵地挽着丈夫的胳膊，却招来路人异样的目光．她倒是不以为然，本来嘛，俩人是正经领证儿的老夫老妻，管别人怎么看怎么想。有时，她还半开玩笑地逗丈夫说：“让人家以为你娶了个小媳妇有什么不好呀？老夫少妻才惹人眼红呢，人家肯定觉得你特有本事！”但树彬可不这么想，看见妻子嬉皮笑脸的样子他心里就有一股无名火：单位的烦心事一大堆，孩子小升初要择校，老人高血压要吃药，自己颈椎病又犯了，干眼症也越来越严重，而且最近又开始神经性脱发，被同事打趣说自己越来越有智慧了——因为“聪明的脑袋不长毛”……

在丈夫越来越频繁发脾气，几次提出要离婚之后，不知该怎么办才好的露露找到心理医生寻求帮助。露露是个实打实的职业女性，每天上班也不轻松，作为家里的女主人及孩子的妈妈，还要多承担一份家庭的责任，但她却能忙中作乐，就算体感疲劳，稍微休息一下也能很快恢复状态。可是丈夫却总不开心，他的颈椎病、干眼症和脱发并不是装出来的，维生素、螺旋藻、西洋参、枸杞子天天吃，但胸闷气短、肌肉酸痛的亚健康症状就是治不好，去医院左看右看，结论就是个“植物神经功能紊乱”。树彬听着就来气，他名字虽叫树彬，又不是真的木头桩子，哪来的什么植物神经。

说到这里，心理医生大概抓住了露露夫妻深陷婚姻困局的症结——由于心态不同，同样的风景在两人眼中却有天壤之别。身心不适的丈夫在潜意识里对自己持有很强烈的负面评价，在光鲜靓丽的妻子面前，这种自卑和烦闷转化成难以言表的情绪——他嫉妒妻子，又明白自己不该去嫉妒，在这种两难的矛盾中，树彬没有及时调节心理的失衡，将那些压力一股脑儿归为外因，赖在妻子头上。如果露露仍深爱着自己的丈夫，不希望美满的三口之家破碎，那么她此刻应赶紧拉着丈夫好好去度个假，再预约一期专业的心理疏导，让树彬找回好心情，走出身心失调、自我破坏的怪圈。

能够引起神经系统功能过度紧张的社会心理因素有很多，生活节奏加快，交通拥堵不堪，失业，竞争激烈，贫富差距越拉越大，这些无疑都是导致人们精神紧张的持续负面刺激源。而过度的精神心理创伤，如突发人身损害、家庭矛盾、婚姻失败、邻里关系紧张、同事及上下级关系的不协调等，也会在某段时期使得人的心理负荷激增，从而出现神经衰弱、植物神经功能失调等身心疾病。

越是在这样的压力下，我们越要像露露那样，积极乐观地面对生活，保持好心情。“相由心生”不仅表示心中向善的人面目慈善，更说明了心情愉悦的人外表也会赏心悦目，机体功能随着神经系统平衡运行也变得趋于平衡、协调，健康生活随之而来。

有方法，不会卡

关于身体健康，坏心情会带给我们什么损害?

1. **坏心情毁了你的皮肤**。人在心情不好时会神经衰弱、休息不好，造成皮肤颜色变黄或老化，出现黑眼圈，激素分泌失调导致毛孔变得粗大，肌肉变得松弛，更易出现粉刺和湿疹。

2. **坏心情毁了你的肠胃**。坏心情会影响胃的蠕动功能，心情不好时，胃黏膜因血管收缩而变得苍白，胃液中消化液分泌大量减少，缺乏消化液对胃壁的刺激，会出现消化不良、营养不吸收、胃痛腹泻等症状，

3. **坏心情毁了你的心肺**。负面情绪使交感神经兴奋，导致血糖血压升高，肌肉神经紧张，加速动脉硬化，导致脑血管疾病和冠心病的发生，愤怒的情绪还可诱发严重的心源性猝死。

7.好情绪是幸福生活的第一要素

高品质的幸福生活人人都想要，一些有追求的青年朋友认为“有钱就是成功，就有高品质的生活”，他们拼命赚钱，奢侈消费，但消费带来的快感转瞬即逝，欲望仍那么多，钱再多也不够花，日子始终不好过，周而复始的郁闷、烦躁堆积起一肚子抱怨。

一些待嫁闺中的女孩，也在“嫁个有钱人”和“嫁个老实人”之间游移不定。其实有钱或没钱并不是幸福生活的第一要素，尤其对于处在婚姻中的女性而言，被爱、被包容、被理解的幸福感才是心情舒畅的先决条件，而心情舒畅又是女人拥有好气色、好皮肤、好身体的根本，所以说，融洽的夫妻关系才是每个女人都想要的、真正的“不老灵泉”和“驻颜仙丹”。

年轻貌美的蜜雪今年25岁，在父母不停催促下决定年内结婚，有3个追求者出现在她的备选名单上。

A男是典型的“高帅富”，一根独苗，从小被家人宠到大，他爱蜜雪的美貌，从不回避自己“以貌取人”的想法。对蜜雪来说，A男经济条件是好，就是心眼有点儿小，脾气有点儿大，想问题做事情都比较幼稚、自我，经常因为小事就会跟她翻脸，折腾够了又会送花、买昂贵的礼物哄她。昂贵的礼物谁都喜欢，可是动不动就吵架拌嘴惹一肚子气，让蜜雪吃不消，隔三岔五地聚会应酬，也让她压力很大，生怕自己举止不够“高端”被他的朋友笑话。

B男是个年轻有为的大学讲师，正在竞聘副教授，气质儒雅，有思想也有追求，他自然也爱蜜雪高挑身材、芙蓉笑靥，但更爱她俏皮可爱的活泼性格。蜜雪心里崇拜这位教书先生，可是他实在太闷，性子不温不火，总木着一张脸，高兴不高兴也看不出来，俩人闹别扭时他总是态度冷冷的，不会哄人更不会道歉，讲起大道理倒是一套一套的，也不管蜜雪听不听得明白，这让她十分郁闷。

C男跟蜜雪是同事，他俩都是美食杂志的编辑，蜜雪了解这个看上去人畜无害、笑容灿烂的男人一个月赚不了太多钱，财力跟“高帅富”没法比，学识跟副教授也不在一个水平上，但她心理的天平却总是不知不觉偏向这个小C。究其原因，再简单不过，每当跟C男相处时，她总是感觉很轻松、愉悦。他有很多业余爱好，有说不完的笑话，讲不完的新鲜事；他的朋友很多，而且都不是用来“应酬”的酒肉朋友。她也参与他们的活动，听他们聊人生、聊事业，说说笑笑，平实温暖。他敬老爱幼，性格厚道，不怕吃亏，就算与人发生摩擦也不会诉诸暴力，反而总说“得饶人处且饶人”。他说自己也说不清喜欢蜜雪哪一点，喜欢就是喜欢，有矛盾分歧的时候，他不赌气也不吼人，该说的想法说清楚，然后琢磨出各种小花样把蜜雪逗笑，俩人不红脸，也不记仇。

左右衡量，思考再三，蜜雪最终决定婉拒A男和B男，为那位普普通通的同事小C披上嫁衣。婚礼前一晚，姐妹们打趣地问她，为啥不做阔太太，也不做教授夫人，放着大美女的资本不好好利用，嫁了这么个没权没势的一般人。蜜雪则得意地说：“谁说我老公是一般人？他呀，可是万里挑一的好男人，居家、旅行、结婚首选。”姐妹们不服，问她凭什么这么说，蜜雪认真起来，说道：“我不想婚后总是吵架生气、心情郁闷，没几年就变成黄脸婆，不想守着空房子，一个人抱着一堆衣服、鞋子、名牌包熬过漫漫长夜，也不想跟丈夫不能好好交流，慢慢形同陌路。好男人有的是，但不一定适合我，现在我找到了一个能让我快乐的人，跟他在一起每天都有幸福感，世界也变得更丰富、更美好了，这样快乐的生活才是我想要的啊。”

高品质的生活说得直观一点，也就是感觉幸福，人们追求的幸福生活是不是真的那么难得到，怎么才能幸福？其实要回答这个疑问非常简单，让我们来梳理一下高品质生活形成的诸多要素就知道了——内部要素：出身、智力、体况、外貌、心态；外部要素：财富、事业、亲友、爱情、健康、声誉、时运。

有方法，不会卡

具备上面这些要素就一定会让人有幸福感吗？未必。那么，幸福感从何而来？

1.财富、事业、亲友、爱情、健康、声誉、时运，样样都重要，样样的好坏都取决于人的心境，论财富，人心不足蛇吞象，再多的钱还是不够挥霍；论事业，王侯将相打天下叫事业，养花种草品尝硕果难道就不是？和平年代，守着自己的一亩三分地小有所成，**内心满足而平和**，一样是事业上的丰收。

3.亲友、伴侣，不用名震天下，也不用倾国倾城，此生有缘，一杯淡茶、一盏薄酒，彼此深深**信赖和欣赏**，有秉烛谈笑的自在，有举案齐眉的深情，说是至福亦不为过。

◎本章小结◎

若把成功当成幸福的先决条件，恐怕是搞反了因果，本末倒置了。幸福归根结底是快乐，快乐不快乐不是看脸上喜悲，而是要看心的表情，好心情帮助我们正确面对现实生活中琐碎的麻烦。包容、体谅他人不友好的言行，对世态炎凉、命运苦悲也能擦干泪水微笑着面对，一颗善于感知积极情绪正能量的内心，会引领我们走向事业和生活的成功，日常生活中点点滴滴的好情绪最终决定着我们的生活品质。

第二章

Chapter

死胡同也能走通

——情绪可以由你调控

每个人的生命都是不断追求梦想、不断克服阻碍、不断超越自身极限的漫漫征途，从孩童到成年人的心理发展过程，也是由本能主宰下的随心所欲向着理智觉醒下的谨言慎行转变的过程。婴儿不会控制情绪，开心就笑，难受就哭，不舒适时就尖叫、哭闹，对外界的刺激不经复杂加工便直接做出条件反射；而成熟的社会人在模仿和学习中心理得到发展进化，可以渐渐学会自我调控，掌握合理应对外界刺激的思维程序。体现在对情绪的控制上，就不会再“孩子气”地放纵言行，而是多角度思考问题，三思而后行。

1. 感知生命的美好面

世事难料，人生无常，打开电视、登录网络，新闻里的故事中充斥着太多悲欢离合和残酷丑恶。虽然我们心知，爱情不是玫瑰花床，人生不会一路鸟语花香，不该强求世上只有光明没有阴影，却又总被那些触目惊心的人间惨剧影响，内心被暗中滋长的负面情绪浸泡。

看自己，生活中琐事缠身，突如其来的变故乱了我们的心神。人吃五谷杂粮，总难以摆脱病痛的煎熬，难免伤心劳神；看他人，英雄流血又流泪，好人蒙受不白之冤……有时候我们甚至会怀疑，这世界是不是原本就丑陋不堪？人性是不是生来本恶？

这天中午，雨桐在办公室里边吃零食边刷着微博，一条标题为“救救孩子，望好心人捐助转发”的帖子吸引了她的注意力。打开那条微博后面的链接，一个满脸眼泪的小女孩躺在病床上的照片映入眼帘，帖子里的故事催人泪下，评论区里很多网友纷纷呼应捐款请求并广泛转发。一张张照片，一声声呼喊，让雨桐动了恻隐之心，她下意识地摸摸钱包——上午的项目完结报告会上，领导嘉奖她业绩突出，给她发了三千元奖金，难道这就是天意？雨桐咬咬牙，打开网银页面，犹豫再三，按照求助帖上发布的银行账号，给对方打过去两千元。就在这时，电脑屏幕右下角的QQ开始闪动，是同事小吴，只见对话框里写着：“姐，电话停机了，帮我充一百，明天就还你，多谢！”下面是一串电话号码。雨桐心想，这丫头电话停机还挺及时，反正自己网银也开着，充话费功能方便，赶紧帮她充上就是了。就这样，她先是给求助的小女孩转账两千元，又帮同事充了一百元电话费，然后满心成就感地给亲朋好友都转发了那条求助微博，关上网页后还沉浸在助人为乐的喜悦中。

这时候小吴突然来电话了，雨桐接起电话便说：“反应还挺快，刚给你充上话费就能用啦，看见我转发的那条微博没，小女孩真可怜，医药费还差十好几万呢。”电话那头传来小吴急切的声音，“什么话费！你捐款了啊！那种帖子都是骗子骗钱的啊，一看就是假的，哎呀你可千万别犯傻，别捐啊！”“话费就是……你刚才QQ……停机借的……”雨桐有点语无伦次，她像被当头打了一棒，又像被一盆凉水从头泼到脚，小吴后面又说了什么，她没听清，挂了电话还觉得脑袋蒙蒙的。是啊，这类诈骗的案例她不是没听说过，自己还总嘲笑别人被骗都是缺心眼，这次自己怎么不加核实就汇款了呢，两千元对她来说可是一笔不小的开支了。该怎么办，要报案还是去银行问问钱能不能要回来，这多丢人啊！雨桐感觉心慌胸闷，脉搏加快，拿起外衣就冲出了公司。

在写字楼下漫无目的地走着，雨桐突然发现，原来在几座大楼之间的夹缝里不知什么时候修建起一个狭长的公园，公园里有很多漂亮花草，树上茂密的树叶随风轻摇，崭新的健身设施整齐排列，几个可爱的孩子正绕着喷泉池玩水，笑声像银铃一样好听。沿着脚下五彩斑斓的石子路继续走，雨桐突然惊讶地发现，原来自己每天工作的大楼后面有一条挺宽的河，河水清澈，在午后暖阳下闪着粼粼的光，两侧河岸上高大的柳树枝条散漫，真像诗中所写的“万条垂下绿丝绦”。向着河面深深吐一口气，雨桐觉得堵在胸口的大石头不见了，冷静下来想想，以小吴刚才的反应来看，充话费那事估计也是遇到骗子了，但不管钱去向了哪里，她想要帮助别人，也勇敢做出助人行为的事实不会变，自己如果因为对方是骗子，就愤怒、后悔甚至仇恨，岂不是把自己一片善心的初衷都糟蹋了？用别人的错误惩罚自己，那样的傻事她不干，而且捐款那事也不一定就是假的，如果不是因为这事没头没脑地冲下楼，可能直到明年她也不会溜达到写字楼后方，更不会知道近在咫尺有如此美景。

充分发扬阿Q精神调整好情绪后，雨桐神清气爽地返回公司，一进办公室门就见小吴飞扑上来，一把搂住她说：“雨桐姐，你真是个好人，我QQ号被盗了，借话费的信息不是我发的，但是那么多人收到求助讯息，除了我亲妈，就你马上给我充了，钱我得还给你，以后有啥事你吩咐一声，妹妹赴汤蹈火，决不推辞！”雨桐笑道：“我那是傻，也没看清楚电话号码是不是你的，就让人给骗了，你的钱我不能要，而且我还给那个帖子的小女孩捐了两千呢，不管是不是骗子吧，心尽到了。”雨桐说完，就回座位上继续埋头工作去了。

雨桐确实是个好人，同时也是个善于感知生命美好一面的“向日葵族”，沿途收获了美好的东西，都用来装点和充满自己的内心，世界在眼中也变得愈加光明。她能从容、豁达地面对失败、错误、意外和伤害，对生活中那些不尽如人意的事，能够换一种阳光的、善意的眼光看待，更多地看见欢乐和成就，在情绪激动、心情慌乱时，能努力稳住心神而不是破罐破摔地沉入愤怒和郁闷。她善待身边的人，也得到他人的珍视和信赖，她宽心对待生活，生活的路在她脚下也越走越宽。

这个故事讲到这里并没有结束，就在雨桐“被骗”捐款三天后，电视里滚动播出了重病小女孩因好心人捐助顺利接受手术的新闻，画面上那个女孩子依旧虚弱，却努力笑着，对着镜头一遍又一遍感谢那些伸出援手给她第二次生命的好心人，她希望自己康复后能报答恩人、报答社会，而她小手中长长的恩人名单里，就有我们的雨桐。

有方法，不会卡

如何成为一个积极向上的“情绪阳光探测器”？

1. **摄取积极营养**。读书、看报、上网的时候，不要总盯着那些吸引眼球的负面新闻看，世上每天都有坏事发生，沉浸于负面报道，就难有积极心态。

2. **但行好事，莫问前程**。决定做个好人，多做好事，就不要纠结于别人的反馈和事情的结果，重要的是你做了，真真假假的别想太多。

3. **多结交正直善良的朋友**。不要以搜集“人脉”为目的交友，那些真正的好人，哪怕不是达官显贵，却能让你活在温暖明媚的人际圈子里，时时洗涤你的心灵，这比什么都更可贵。

2.发现身边的正能量

被称作“英国大众传播心理学第一教授”的理查德·怀斯曼先生是位心理学家中的怪才，他在自己所著的心理学系列读本中探讨了心理正能量与个人生活发展的密切关系。将正能量理论与万有引力定律类比，可以发现我们每个人的心灵都是一个“能量集合体”，就像广袤宇宙中一颗一颗的恒星，吸收能量的同时向周围空间放射能量，既包含自信、豁达、愉悦、进取、慷慨、热情等积极健康、催人奋进、给人力量和希望的正能量，也包含自私、猜疑、沮丧、消沉、愤怒、嫉妒等令人痛苦的负能量。

一个不断散发正能量的“能量集合体”，会吸引更多正能量向其靠拢，从而拥有更多美好的感受和幸福的际遇，而负能量主宰的“能量集合体”则会继续引来负面能量，使人的内心陷入愈加悲惨暗淡的窘境。而这种内心的能量属性并非恒常不变，它始终处在此消彼长的变化中，当正能量不断被激发、被吸引，负能量会被其逐渐取代，人的负面情绪得到控制，幸福感也会越来越强。

众所周知，律师事务所是为当事人提供法律咨询和代理、防范风险并解决生活中各种麻烦的地方。来到律师楼的人，往往都是遇到了自己处理不了的棘手问题，他们行色匆匆，满面愁容，更有甚者将法律问题放一旁，先把满肚子的愤恨憋屈朝律师发泄。在这种负能量集中的工作环境中，有些年轻的小律师就有了负面的情绪波动，李律师的助理小胡就是其中一位。

小胡是名牌大学法学毕业生，脑子机灵，手脚麻利，业务能力十分优秀，入职将近一年，深得所里老律师们的赞许。但这一段时间以来，李律师明显感觉她态度消极，错漏百出，经常莫名其妙地叹气发呆，好像很抵触工作。他开始时以为是年轻人恋爱了或者身体不舒服，没有过多干涉，但过了一段时间她突然向律所提交了辞职申请，让她郁郁寡欢的真正原因才浮出水面。在她的辞职理由一栏写着："曾经最向往最热爱的法务工作不仅不能伸张正义，保护弱小，还要每天面对悲惨、丑恶的坏人坏事，法律被用来保护奸诈的人，审判竟然也能偏向坏蛋，订了合同又不遵守，都是有身份的人怎么能出尔反尔、说了不算！在这样的工作中我感觉不到丝毫正能量，感觉不到成就感，这种烂泥潭一样的环境让我很痛苦，我干不下去了。"

对她的职业选择，我们无法横加阻拦，但她若不能认清负能量的来源，在律师岗位上感受到的困惑和痛苦，换个其他行业，恐怕也不会自然消失。从一个在校大学生成长为一个"社会人"，如何正确看待社会上的负面、阴暗的现象，如何通过调整自己的心态和视角去接纳人性的全部，是衡量一个人能否顺利"成人"的内在标准。而小胡充分感受到了人与人之间的恶意，并在心中积攒着恐惧，却不曾注意到每一个看似"泥潭"的案件背后，也都或多或少地有着人与人之间宝贵真挚的感情。举个最简单的例子来说，看见离婚案件中夫妻双方撕破了脸在法庭相互指责，或在分割财产时针锋相对，不再替对方考虑，如此便认为婚姻都是悲剧，婚礼上的誓言都是虚假的，甚至质疑和否认男女之间的爱。她却从不想想，两个原本陌生的男女，为了什么走到一起，为什么有了孩子，此刻锱铢必较的财产怎么与对方产生关联的，从当事人反复回忆纠缠的叙述和断线珍珠一样的泪滴里，除了感受恨，是否也能解读出他们心中深深的不甘与眷恋呢?

经过几次促膝长谈，小胡慢慢转变了看人看事的视角，世上诸多不如意的伤心痛苦，本就是源自人们追求"顺心如意"的渴望，只要这种积极正面的渴望仍在，我们就有做不完的工作。通过各行各业人们的默默耕耘，所产生的正能量会越来越多，哪怕还存在小胡曾唯恐避之不及的"烂泥潭"，只要用心将善良、乐观的种子播撒其中，也会生出出淤泥而不染的朵朵莲花。

奥古斯特·罗丹的名言说：生活中从不缺少美，而是缺少发现美的眼睛。同样的，生活中也从不缺少正能量，只要我们以向善、感恩的眼光去看待他人、看待社会，就能发现正能量的影子，并把它们吸引到自己的世界。

越来越多的时候，我们上下电梯会发现有人伸出手帮忙挡着电梯门，避免别人被夹伤；过马路时，会有右转向的司机主动停下来，礼貌示意行人先走；不管是扛着大包小包的快递员师傅、站在大厦门口的保安门卫，还是穿着正装工作在写字楼里的白领金领，迎面走来，人们会相视而笑，尽管那笑容还有些羞涩，却能带给对方持续良久的好心情；摆放在路边的鲜花绽放着，人们驻足欣赏，拍照留念，却不会肆意采摘据为己有……这些每天发生在都市里、发生在我们身边的小事，正是社会在进步、正能量在蔓延的证明。

有方法，不会卡

正能量无处不在，你只需要用心去观察、去感受：

1. 拥有善于捕捉正能量的心态，我们虽能看见阴暗面，却不会绝望，不会放任自己沉溺于郁闷和冷漠。

2. 我们会明白文明的力量、温柔的力量有多么可贵，以举手之劳去帮助他人，被帮助的人再把这种温暖传递下去，使得个人所处的能量场越来越积极、美好。

3. 灾难和罪恶中也能找到正能量的影子，换个角度去看这个世界死亡伴随着新生，犯罪伴随着忏悔——不要屈服于人类内心的黑暗。

3. 跟自己讨论讨论坏情绪是如何发生的

常听到一些人抱怨“真烦、真郁闷”，问他们为何心烦、郁闷，他们却说不出个所以然，就是莫名其妙的情绪低落、心急气躁，简而言之，就是不高兴、不痛快。相对于外向健谈的人，性格内向、沉默寡言的人尤其容易有这种情况发生，自己有了不痛快，却没有输出负面情绪的渠道，胸口憋着千言万语，对着同事、家人和朋友，又不知道怎么开口。

最了解自己内心感觉的那个人就是自己，如果感觉对别人诉说心里的消极和郁闷很难，至少要学会与自己的心对话。对着镜子，让思绪跳出身体，换个位置或角度审视自己，不管是因为身体的疲劳不适、超负荷的繁重工作，还是与同事、家人、朋友、陌生人之间发生了误会摩擦，受了委屈，都可以对镜中的“知己”念叨念叨。天大的烦恼，只要倾吐出来，寻根求源，琢磨负面情绪产生的真正原因并想解决之道，而不是反复纠结情绪本身，堵在心上的郁闷就会像漏气的气球一样慢慢萎缩。

年纪轻轻的刘阳是个有着8年驾龄的“老司机”，驾驶技术纯熟，但最近却总遇上剐蹭摩擦的小事故，半年中有两次因为自己倒车不慎撞坏了车屁股，维修要花钱不说，还总因为路上突发情况耽误时间，误事又得罪人，让他这个每天忙得团团转的私企小老板实在难承受。对于这些麻烦，开始时刘阳一概将其归为运气差、天气差、路况差、车况差、其他司机技术差、素质差。后来他却慢慢发现，天气变了、路段变了、自己开的车坏了……这些都会让他十分焦虑、苦恼。

一天翻看报纸时，一条关于路怒症的报道吸引了他的注意力，报道称“汽车或其他机动车的驾驶人员有攻击性或愤怒的行为，包括：粗鄙的手势、言语侮辱、故意用不安全或威胁安全的方式驾驶车辆，或实施威胁，具体行为有胡乱变线、强行超车、闯黄灯、骂粗口等等”。一份名为《城市拥堵与司机驾驶焦虑调研》的报告显示，在北京、上海、广州三个城市随机选取的900名司机中，就有35%的司机属于“路怒族”。放下报纸，刘阳开始反思自己每次开车上路时感觉到怒不可遏时都是什么情况，“堵车，一上三环就开始堵”、“路上车太多了，都磨磨蹭蹭的，尾气熏得脑袋疼”，想到这里，他不禁回忆起最近一次在上班途中发生的不愉快。

那天早晨微风习习，刘阳吃饱了早饭哼着歌开车出门，刚开出小区就接到助理的电话说消防局的人来了，检查了设备室要求整改，具体怎么回事等他到公司再说。挂了助理的电话，马上又接到妻子的电话，说她晚上要去聚会，让刘阳去幼儿园接孩子。妻子电话说到一半，老娘电话又打了进来，说刘老爷子吹空调吹坏了腰，趴在床上起不来，让他赶紧回家看看，接完三个连环call，刘阳是歌也不哼了，看着车窗外的天也莫名阴沉下来，随后就跟一辆试图并线的小轿车发生了剐蹭。刘阳也不知哪来的无名火，拉开车门下车开口就骂对方，吓得人家车里的姑娘立马报了警。交警来处理了这起简单的小事故，虽然按照交规过错在对方，但还是狠狠批评他不该那么鲁莽无礼。回忆到这里，刘阳仿佛一下想通了什么，自己患上了“路怒症”不假，但动辄动怒只是结果，真正原因出在工作和家庭的压力上，坏情绪在堵车之前先堵住了他的心。而他全神贯注握着方向盘开车，神经本来就紧张，又一再被各种突发情况打断，遇到抢道、追尾、碰撞等事故诱因时，就会反应迟钝甚至故意找茬，导致事情越变越糟。

不知不觉中，刘阳自己给自己做了一场“话聊”，一个人坐在沙发上琢磨、反省，直拍脑瓜怪自己，闹情绪闹出那么多事儿，最后还不是给自己找不痛快吗？以后再也不能犯傻了。

有方法，不会卡

憋在心里沉重的郁闷，可不是想要快乐就能消失不见的，往往是说起来容易做起来难，让我们先从最简单的一步开始——跟自己对话，看看坏情绪是如何发生的，把乌云打散。

要相信语言中蕴含的魔力，可采用一个舒服的姿势坐下来，找到一个合适的方式把心中想法倾吐出来，**语言就成了医治我们躁狂情绪的灵丹妙药**，尝试着说出“我今天很不开心”、“我经历了一个糟糕的早晨”、“我心爱的项链找不到了”、“我喜欢的男孩有了女朋友”、“我的妻子又把晚餐煮糊了”、“我觉得薪水应该按时发放”、“这件东西我买贵了觉得很亏”，再问问自己，不开心的根源在哪儿，是谁让原本美好的一天变得糟糕，怎么才能不在同样的事情上犯错、吃亏……不管是鼓起勇气对着他人，还是仅仅面对一面墙壁、一尊雕塑或一只猫咪，只要说出心中不那么美好的想法，感觉负面的能量随着语言流出体外，下一秒整个人就会清爽一些。

尝试与自己讨论那些坏情绪产生的原因，才能更好地解决问题，不要让自己变成一座毫无预兆就喷发起来的恐怖休眠火山。

4. 调控的目标是“冷静”与“理性”

失控让魔鬼占据了我们的内心，让原本充满智慧的人成了持刀的提线木偶，“利刃”在伤及他人时，也深深地伤及了自己。很多时候几句话就能解决的小事却闹得不可收拾，稍加退让便能握手言和时却因置气而变得骑虎难下，而无伤大雅的口角因为压不住火气，升级为违法甚至犯罪，若能冷静下来想想，会是完全不同的结果。

人在盛怒之下最容易丧失理性，科学家研究发现：愤怒源自人类祖先在野外面对危险、敌对、攻击时的正常生理反应，不仅是人类，动物也有类似的反射系统。躯体在这套系统的作用下超负荷运转，为求保命，随时做好在瞬间爆发还击的准备。这套“战备”系统发展至今，依旧深刻影响着我们的情绪和行为。日常生活中事与愿违时，被人有意无意冒犯侵害时，人们心中就会生出或强或弱的不满。不满也好，不爽也好，都是正常的情绪波动，当热血冲上头顶，我们开始明确感觉到身体紧张的征兆时，就该对自己喊停，将理智拉回现实，冷却冲动的大脑，再分析促使自己变得怒不可遏的诱因。

风姿优雅的莉莉是一位职场女强人，三十多岁的成功女性，在外身居高管职位打拼事业，在内上有老、下有小照顾全家，不管多忙、多累，她总尽力让自己的脸上挂着迷人的微笑，遇到憋气的事、难缠的人，用一句“注意形象，要有涵养”将之稳稳压抑在心底。可表面上的云淡风轻须以暗地里纠结折磨为代价，打落牙齿往肚子里咽的滋味可不好受。也许是负面情绪堆得太多，也许是这次遇到的“对手”真的太有杀伤力了，莉莉没能成功hold住自己，她失控了。

新调来与莉莉合作的设计副总监是个看上去很年轻的小美女，这个叫唐娜的女孩梳着高高的马尾辫，配上吊带上衣、牛仔裤和花哨的运动鞋，就像一个大学在读的短期实习生。公司里不乏关于此人的风言风语，有人说她是大老板的亲闺女，也有人说她不是什么正牌大小姐，只是老板的“干女儿”，还有人说得更直接，说她就是个刚毕业的女学生，做了老板的“二奶”，才混到仅次于莉莉的位置，甚至有人拿她们俩作对比，探讨年轻貌美与真才实干哪个更有用。开始时莉莉对这些传言只是报之一笑，并不在意，但跟唐娜接触了一段时间之后，她心里有了不满情绪。

在莉莉看来，唐娜不仅外表像学生，工作时也很像个缺乏经验的实习生，智商不高，情商更低，说话从不经过大脑，又懒又贪玩，干什么都不积极。客气提醒她吧，她好像听进去了，但是下一次同样的错误照犯不误，心不在焉、丢三落四的坏毛病害得莉莉净跟着吃苦头。几番摩擦，数次忍耐之后，在一个闷热无比、空调失灵的夏日午后终于“开战了”。唐娜又搞砸了一单非常重要的业务，当莉莉批评她的时候，她一边哼哼哈哈地敷衍一边玩新买的智能手机。从来不发火的莉莉终于憋不住了，她先是狠狠地把唐娜办公桌上的东西掀翻在地，之后冲进老板办公室，对着正在连线电话会议的顶头上司就是一通怒吼：“你怎么选的人，这种人也招进公司来！公司不是某个人私人的东西，养小情人也得养个能干活的再往这儿安排！你这样是不是故意想挤我走！”喊出这句话的同时，莉莉看见老板眼中难以置信的惊诧慢慢转变为嫌恶，他只缓缓说了一句“请出去”就宣告了此事的结束，当然，也宣告了莉莉在公司稳固地位的终结。多少次回忆起那个血液逆流冲上头顶的下午，莉莉都想不通自己究竟是怎么了，收拾东西离开公司那天，送行的人里没有唐娜的身影。

后来莉莉听说唐娜被公司辞退了，没人清楚她究竟是不是老板的女儿或女人，那种事实际上跟谁也没有关系。回头反思当时为什么会朝她爆发？大概是太累了吧，加上受了流言的影响，盘踞在胸口的只有不闹不快的愤懑和破罐破摔的躁动，所以才会那样不顾一切地翻脸。莉莉回想着，有些替自己不值，那么喜欢的公司，努力奋斗才得到的职位，为了那样一个小女孩，全都失去了。

及时体察坏情绪，时刻关照内心。不要等到失望、不满、怀疑、愤怒、嫉恨等负面情绪累积成山再去处理，真堆到那个时候恐怕也就只能像莉莉这样靠“火山爆发”来宣泄了。在心情有波动的时候，提醒自己停下来，恢复冷静，因为只有冷静下来才可能理智客观地分析心中涟漪是因什么而起，你所怒视着的那个看似不可饶恕的对象，真的是让你痛苦的罪魁祸首吗？还是说他只是碰巧在你感觉诸事不顺时不小心惹到了一肚子牢骚的你，沦为了无辜的出气，聪明的做法是在你感觉到诸事不顺的时候，就该为自己的情绪指示牌挂起橙色预警，首先承认你有情绪，然后把闷闷的郁结解开了再启程。

有方法，不会卡

别让坏情绪控制你的心，别放任理智远离你的言行：

1. 察觉到身体里因越聚越多的怒气而显现失控的征兆时，应设法在愤怒失控之前找回理智。

2. 可深深地做腹式呼吸、离开原地出去走一圈、给朋友中的“开心果”打个电话、到楼顶大喊几声、按摩颈部和肩膀，或者去冲一杯咖啡、吃一块点心，打理下办公区内的花草。

3. 只有**切断点燃情绪炸弹的导火索**，找到诱发愤怒的真正原因，才能在理智消失之前及时做出应对，避免“一失足成千古恨”的遗憾发生。

5. 情绪不稳定时更需要深思熟虑

如果我们知道现行刑法中明确规定故意破坏公私财物，数额较大或者有其他严重情节的，处3年以下有期徒刑、拘役或者罚金，而造成公私财物损失5000元以上或毁坏公私财物3次以上就要在刑事上立案追诉，那些习惯摔锅砸碗掀桌子的“活火山”们，想起自己平常时不时喷发一把的冲动劲儿，会不会心惊肉跳？如果我们知道，一些有着安稳生活的“良善市民”因为一时控制不住怒火，殴打袭击他人，犯下不可饶恕的严重罪行，以致锒铛入狱，会不会直呼太悲惨，太冤枉？

有情绪时不要急着下定论、作决定，要知道，说出去的话，就像泼出去的水，覆水难收，伤人的话语更是收不回来。人们往往会为自己不经慎思就随意说出的话、做出的事付出代价，早知后悔招致心痛，为何不在当初稳住心神，三思而后行呢？

张妙跟丈夫崔大军结婚将满7年，俩人没有孩子，做着不大不小的生意，开了一间茶楼、两家小快餐店，前几年还投资了几个项目，现在运转良好，有丰厚且稳定的收益。

都说“男人有钱就学坏”，张妙发现自己的丈夫还真就变“坏”了。妻子的直觉总是意外的准，张妙感觉丈夫有些不对劲之后对他的手机、QQ、微信都多了一分关注。有一天晚上她就发现崔大军的手机通讯录上不知道什么时候多了一个女人名——苏荷，赶忙打开电脑登录他的QQ，好友列表上一个美艳女子的头像映入眼帘，又是这个苏荷，张妙心里忽地一紧，想想自己与丈夫从年轻一贫如洗时一路走来，虽然也知道社会上那些婚外恋、包养情人的花哨乱事，但夫妻俩感情一直很稳定，对“小三”这个称谓，她开玩笑时说过，却从未真往心里去。正在张妙点开聊天记录想仔细看看丈夫和这个女人究竟是不是那种关系的时候，崔大军突然出现在卧室门口，吓得张妙立刻合上电脑，装作上网累了伸懒腰，还打了个哈欠，然后就借口洗澡出了卧室。把自己反锁在浴室里的张妙越想越憋气，恍惚间看见那俩人的聊天记录有一百多页，百分之九十九是真有情况。明明是丈夫背着她搞鬼，自己怎么倒像做贼一样鬼鬼祟祟。想到这里，她打定主意，等明天丈夫出门了，一定要把他的QQ聊天记录查个清清楚楚。

第二天，让张妙想不到的事情发生了——丈夫的QQ聊天记录竟然被删得一字不剩，仿佛是知道了她要偷看一样，这让张妙心里隐隐约约的怀疑变成了一股难以抑制的愤怒和屈辱。她感觉自己的心脏在抽搐，马上就是自己和丈夫七周年结婚纪念日了，好一个“七年之痒”。虽然怒从心头起，但张妙毕竟在生意场上历练多年，没有在冲动之下选择大吵大闹，也没有与丈夫当面对质。她暗暗稳住心神，冷静下来想想，常言道“捉贼捉赃、捉奸捉双”，没有确凿的证据，如果事情不是她想的那样，岂不是冤枉了丈夫，伤了夫妻情分。

半个月后，距离张妙和崔大军的结婚七周年纪念日还有一周时间，崔大军的行为变得愈发奇怪起来，早晨很早就出门，也不说自己去干什么，晚上忙完了工作还会跑出去，说是跟朋友应酬又不说是哪个朋友，接打电话也会故意避开张妙，这让张妙的心越来越冷。她也试探着问过丈夫，是不是变心了，不爱她了，会不会爱上别人，但总是得到崔大军嬉皮笑脸地回应，一如两人初见时，那个对谁都憨厚严肃唯独对她不正经的“坏小子”。张妙想到了无数种疯狂发作、指责谩骂和狠狠报复的方法，但每一种方法即将面对的不堪结局都让她的心更疼。就这样，她开始尝试着做些其他事情分散自己的注意力，让情绪慢慢变平静，想着怎么也要忍到纪念日那天，算是给自己一个交代，然后再平静地离开负心人，放他和新欢去过想要的生活。

令人意想不到的事情就在两人结婚七周年纪念日那天发生了。在这一天，张妙被丈夫拉到市里最大最豪华的酒店，看见传说中的苏荷一身盛装，站在一处包间门口向他们招手。见到这位比照片上更迷人的美少妇，张妙原本冷静的情绪又剑拔弩张起来，为了不当场爆发，她攥紧拳头又放开，深呼吸，保持微笑，挽着丈夫一起走向苏荷。当她走到包间门口时惊呆了——从门口向包间里望去，宽敞的大厅里摆着酒席，过道两旁堆满了各色玫瑰，来宾都是她与崔大军的至亲好友，而崔大军则牵着她的手缓缓步入其中。他说了很多话，苏荷作为这场结婚纪念典礼的承办公司负责人也说了很多话，但张妙记得最清楚的只有一句，那个曾被她怀疑出轨“搞小三”的男人当着所有人的面对她说：“据专家说人的身体每七年都会更新一次，过了七年，我们就成了全新的人，所以今天我要再求一次婚，再娶你一次，请你答应我，做我的妻子，未来的七年，让我继续爱你……”

这个有些戏剧性的故事以幸福美满收尾，后来张妙和苏荷也成了无话不谈的好姐妹，值得庆幸的是张妙在被负面信息包围时没有屈服于愤怒、妒忌和怀疑的冲击，而是充分考虑到了狂怒爆发带来的后果。作为掌控情绪的智者，她努力调整自己逐渐失衡的心理，不仅赢得了丈夫的深爱，也为自己赢得了一个志同道合的新朋友。假如在最初感觉丈夫不对劲儿的时候就不管不顾地发作，先不说捕风捉影的“捉奸”风波怎么收场，起码那个足以令她铭记一世、感动一生的浪漫纪念日庆典就不复存在了。

有方法，不会卡

什么是负面情绪下的深思熟虑?

1.每当产生消极想法，怀疑对方做了坏事的时候，马上逼自己往积极的方向想，假设对方并没有做坏事，而是做了一件截然相反的好事。

2.**没有确凿证据之前不指责任何人**，不说任何下定义、泼脏水的话，你只要记住，“永远不”就能减少许多因误会产生的麻烦。

3.**注意力转移法始终有效**，做点别的事情分散自己的精力，将偏激的消极想法打散，你不能带着沉重的坏心情思考任何事，那只会让事情恶化。

6. 好情绪在于自我管理

倒霉蛋们就是想不明白，怎么有些人就能那么幸运，他们有钱、有社会地位，受人尊敬，被人推崇，他们和自己喜欢的人在一起，做着自己喜欢的事，他们忙忙碌碌，脸上却总有笑容。还有些人没什么钱，竟也能整天乐呵呵，他们爱好广泛，朋友众多，走到哪里哪里笑声一片，家庭关系融洽，父慈子孝，就算遇到什么困难也挡不住他们的好心情。结果是苦心经营追逐成功的人留在了那被不爽情绪包围的80%之中，而心态良好、心情舒畅的人，稳居于20%生活赢家的位置。不难发现，这些生活的赢家都有一个共同的特点，他们能够通过不同的方式体察自己的心理波动，掌控自己的情绪，使理智指挥下的思想、行动成为一种惯性，乐观、豁达、积极的人生观融入他们的生命，幸福、幸运对于他们成为了一种常态。

相反地，有些人不善于自我管理，也不想受条条框框的禁锢，想法、说法、做法都如脱缰的野马，想到哪说到哪，想做什么就做什么，遇到好事就放纵享乐，遇到挫折和不顺就怨天尤人，把过错都推到他人身上。日子越过越不顺心，常立志、常发誓，却根本不能贯彻坚持，身体状况百出，工作一团糟，心情更是一塌糊涂。

许甜绝望地看着脚下的健康秤，喊道："又重了！"她简直无法相信自己的眼睛，反复上来下去称了几次后终于确定，身高只有160厘米的她，体重已经超过了70千克，而且这还是在她绞尽脑汁、想尽办法实施"疯狂减肥计划"的一个月后。

心情烦闷的许甜翻出自己的减肥计划开始填写，在"今日食谱"那一栏，她犹豫再三，写下了苹果、牛奶、玉米和咖啡，在"今日体重"后面填了66千克，“运动项目”那一栏写下了慢跑一小时，又把其他一些项目认真填满后，才心满意足地合上精致的本子，打开电视看起综艺节目来。看着看着，许甜就觉得嘴里没个嚼的东西有些无聊，不自觉地开始想吃零食。既然想吃，就吃一点不长胖的东西吧，只吃一点不会有多少热量。这么想着，她的手就伸向了藏在柜子最上层的薯片、杏脯和夹心饼干，吃了一会儿觉得口干，打开冰箱拿出一听可乐，一口气喝下一半。时针已经指向11点，但好看的节目一个连着一个，许甜打着哈欠从这个台转到那个台，就是不舍得去睡觉，最后拖到午夜1点，困得她眼睛发烫泪水直流，才意犹未尽地关了电视到卫生间去洗漱。刷牙的时候对着镜子里臃肿的自己，她心里又开始郁闷低落，后悔晚上不该嘴馋吃零食，后悔原本定好的晨练慢跑一小时运动计划实际上走了没有几步就停了，后悔上午吃了几块同事带来的特产酱肉，后悔下午喝了高热高糖的一大杯奶茶……就这样，在悔恨和自我厌弃的情绪中，许甜拖着疲惫的身体钻进了被窝。

第二天天都大亮了，许甜还赖在床上，闹钟响第一遍时就被她远远扔到了墙角，当刺耳的铃声响第二遍时，她终于爬起来了。看看时间，别说晨练跑步，连早餐也没空吃了。因为迟到她被主管一通冷嘲热讽，委屈自卑的许甜空着肚子熬过了繁忙的上午。午餐时减肥计划已然抛在脑后，她发泄一般地吃了许多油腻厚味的东西，还安慰自己“早餐没吃，午餐多吃点不碍事”。下午因为吃撑了浑身不舒服，工作起来精神也不集中。晚上下班回到家，草草吃了些水果麦片，站上健康秤一称，果不其然，体重不降反升，随之升起的还有满腔绝望和愤恨。为了排解这种负面情绪，与前一天毫无二致的晚间生活又一次上演……

人生最大的敌人可能就是自己。现在人们的压力普遍较大，偶尔放纵一次无可厚非，但一定要当心失控—放纵—后悔—郁闷—失控形成一个连贯的恶性循环，一旦这种思维定式成型，再想打破它可就难了。就像故事中的许甜，在对自己的体重和外形已经明确抱有不满时，也知道应该怎么去做才能改善，甚至准备了周详的计划，但计划一万遍，实施起来一天也熬不过，就在不断渴望改变又失控沉沦的过程中，跌进了对自己的心理、生理状态丧失掌控权的思维怪圈。

有方法，不会卡

惯性思维存在于心理活动的每个角落，频繁失控而后悔恨的怪圈也是拜这种思维定式所赐：

1.那种失控—放纵—后悔—郁闷—失控的思维模式只会催生出更多的负面情绪，久而久之，自己反倒成了冲动的奴隶。

2.在闲下来就悲伤、自己自卑又多疑、经常狂躁乱发脾气的负面惯性思维的引导下，干出的蠢事就像没经过大脑，于人于己都无益，渐渐变成了十足的“失败者”。

7. 多给自己积极的心理暗示

积极自我暗示并不是毫无科学根据的自我欺骗，而是个体透过感官元素给予自己积极心态和成功心理相关的暗示或刺激，使意识思想的发生部分与潜意识的行动部分之间相互勾连，它既是一种对自己内心下达的情绪指令，也是一种对积极行为的提醒和启示。有句话说“心态决定命运”，说的就是正面、积极的心理暗示对个体发展巨大的能动作用，你注意什么、追求什么、致力于什么及怎样行动，能支配影响你的情绪，作用于你的生理指标，进而决定你将变成一个什么样的人。

古今中外，许多获得非凡成就的伟大人物都懂得如何善用自我暗示及潜意识的力量取得成功，许多生活美满幸福的普通人也自觉不自觉地利用这一机制引导正能量向自身聚集——积极地自我暗示能使人的心境、兴趣、情绪、行为等发生良性转变，从而使人的某些生理功能、健康状况在不经意间越变越好。

叶子是个幸福的小女人，虽然她月薪不多，男友不帅不富，父母都是普通工薪族，虽然她没有自己的房产也没有车，没有昂贵的名牌鞋包和首饰，虽然她做着再平凡不过的图书馆引导员工作，每天上下班要挤将近一个小时的公交车，虽然她没有沉鱼落雁的容貌，也没有前凸后翘的魔鬼身材，但她知道自己是个幸福的女人，每一个认识她的人也都认为她是个超级幸福的女人。

每每被人问到自己总是很开心的原因，叶子都笑着说是因为她心里住着一个贫嘴的小精灵，不管生活中遇到什么事，它都要跑出来说上几句，好事锦上添花，坏事被它一逗趣，刚要积郁起来的坏情绪也都消散了。

早晨在公交车站，大伙已经等了15分钟了，还是没有见到公车的影子，旁边几个等车的上班族已经烦躁不堪，一个劲儿看表，叶子却依旧一脸轻松。她心里的“小叶子”告诉她，虽然已经等15分钟了，但早高峰时发车密度大，应很快有车进站的，不用急。果然，没过3分钟，公车就来了，一来就是两辆，她上了后面那辆较空的，上车就有座位。坐了几站之后，车上人渐渐多了起来，叶子把座位让给了一位老人家，心里的“小叶子”赶忙夸奖她是个尊老懂奉献、高素质的好姑娘。到了单位，叶子开始换上制服，准备开始一天繁忙的工作。对着更衣镜整理仪容时，“小叶子”又冒出来鼓励她：“今天的叶子又是个清爽漂亮的小美女，能量爆满，一定是今天的全馆最佳引导员！”

上午图书馆来了一队美国考察参观团，领导找到叶子所在的引导员小组，让她们抽调一员干将去做接待工作。其他几个女孩都有点儿犯怵，扭扭捏捏不肯上前，叶子却在心里的“小叶子”鼓励下主动自荐：“怕啥呢，英语口语自己平时都有练习，来宾看上去很和善，能够代表图书馆好好接待他们是难得的机遇，证明自己能力的时刻到了，一定要好好加油！”

忙了一天，终于到了下班时间，叶子打电话给男朋友，约好俩人一起去逛街吃饭的，可是男友的电话开始是怎么也打不通，后来打通了又被他挂断。叶子心里犯起了嘀咕，加上肚子饿得咕咕叫，她有点不耐烦起来，刚要发短信指责男友的时候，“小叶子”急忙出来阻拦：“亲爱的他工作很忙，现在一个劲儿挂电话，可能是临时有要事不方便接听，等一会儿再打过去吧，因为这点小事乱发脾气可不像温柔可爱的叶子哟！”就这样，叶子呼了口气，想着反正也得等男友，不如加会儿班。就在她一边等男友来电一边哼着歌收拾总服务台的时候，刚巧馆长和书记从服务台前经过，见到下了班还在认真忙工作的她，毫无意外地表扬了一番，馆长他们前脚刚走，叶子男友的电话打进来了，接通之后就是一通赔礼道歉，果然刚才是忙得不可开交，腾不出手接电话。叶子庆幸自己刚才没有由着性子随便发脾气，否则现在俩人恐怕不是吵架就是冷战，这个原本美好浪漫的晚上就要在赌气伤心中度过了。

就这样，被领导赏识、男友喜欢、朋友同事羡慕的叶子结束了幸福完美的一天，睡前她轻声对自己说，“晚安了小叶子，明天又会是美好的一天！”

叶子心里那个“及时雨”一样的小精灵其实就是她自己的显意识，它能够明确察觉且可以作用于潜意识世界。利用这些正面为主的显意识，叶子引导自己的情绪一直保持在积极向上的轨道上。除了倾听积极的心声，还可以采取歌唱、吟诵、诉诸纸上等方式达到同样的效果。我们越是经常性地接受显意识告诉自己的一切，并选择积极、扩张的语言和概念描述这种激励，就越容易为自己创造出一个积极的现实。

有方法，不会卡

积极的自我暗示有着不可抗拒和不可思议的巨大力量：

1.潜意识告诉自己的事实足以决定你想要什么、怎样观察这个世界、如何进取等。

2.记住，我们都有选择的能力，不管面对什么样的人，什么样的情况，我们应该而且**必须选择关于此事积极、正面的暗示**，保持乐观的心态。

3.当“很好”、“不错”、“会好起来的”融入潜意识并形成一种习惯，我们的神经系统与机体功能便会融洽地处于一个良性循环中，先拥有快乐的身心状态，然后再拥有成功的幸福人生。

8. 包容生活的不完美

琐碎的大小麻烦每天都在我们的生活中上演，大多数人也真的把它们当作天大的困境，从中不断吸取负能量，酝酿成各种坏情绪。又有谁会在开始烦躁郁闷之前停下来好好想一想，那些所谓的伤、痛、愁、苦是不是真有那么严重，严重到随时都能打破我们内心的平静，让我们自怨自艾，迷失在生活不完美的一侧？

“生活并不完美”，马可比谁都清楚这句话的含义。

三年前，年仅26岁的马可风华正茂，有着富裕和谐的家庭、一份自己热爱又擅长的工作和漂亮温柔的女朋友，不仅感情生活美满，还有着指日可待的大好前途，而那一切却因一场意外的车祸戛然而止。走在人行道上的马可被一辆失控的面包车撞成了重伤，满身皆伤的他经过漫长而痛苦的救治后，虽然勉强保住了性命，肢体却不再完整——右腿膝盖以下截肢，一只眼球也因过重的破坏性外伤不得不被彻底摘除。当时已经谈婚论嫁的女友迫于其父母压力选择与他分手，单位给了他一笔可观的抚慰金后也婉拒了他回到工作岗位的请求。

就在所有人都以为马可会承受不了如此巨大的落差，一蹶不振变成个怪人、废人的时候，意想不到的事又一次发生了。马可不仅没有被发生在自己身上的灾难击倒，反而比受伤之前更加乐观、积极了，如果说伤残前的他干练、锋芒毕露，那么现在的他身上多了一份超越年龄的淡然和豁达。他不仅在家人和朋友的帮助下开了一间个人工作室，还参加了一个旨在帮助伤残人士重拾信心、找回生活勇气的义工社团。在慰问那些天生残障及因后天疾病、事故变为伤残的人时，马可总会将自己的经历讲给大家听。

原来他在死亡线上挣扎的那段时间，马可也像平常人一样脆弱不堪，他闹过，试图自杀过。他的内心充满了绝望，不敢看镜子里自己的脸，也不敢碰触残缺的右腿。而就在出院之前，主治医生把他带到医院大厦楼顶上进行的一席对话改变了他的想法，也改变了他的人生。年逾半百的医生告诉他，就在俩人所在的位置，一年前有一个年轻的女病人因为不能接受肢体伤残的现实选择了跳楼自尽，她伤心过度的母亲一夜之间头发变得雪白，父亲则因为受不了失去独生女儿的打击心脏病发作，也进了重症监护室。让那个女孩受伤的是一起发生在高速路上的恶性连环交通事故，十九条鲜活的生命瞬间消逝，活下来的人与逝者相比无疑是幸运的，而女孩却在命运网开一面后自己选择了绝路，她那一跳是解脱了，却把父母推进了痛苦的深渊。

马可不以为然，他讽刺医生说，您老人家倒是站着说话不腰疼，没了眼珠子的是我，瘸了的是我，您知不知道身体的一部分被夺走是什么感觉！？医生不理会他的冒犯，只是解开白大褂，掀开衬衫，露出侧腹部一条扭曲的疤痕对他说："我像你这么大那年摘了一颗肾，因为肿瘤，胆囊也切了，后腰上还有一道刀口，要看么？"马可脸上鄙夷不屑的表情凝固了，他看着气度雍容的医生那张和颜悦色的脸，想好的冷言冷语哽在咽喉，不知话该怎么接。

医生整理好衣服走向他，伸出手掌盖住他仍覆盖着纱布的右眼，缓缓地说："你有没有这样想过，老天爷拿走了它，也许不是为了让你盯住自己的残腿不放，而是为了让你更珍惜它，"他用手指点点马可那只完好的左眼，"把它留给你，让你以后多看人生中好的一面，小伙子，你才多大年纪，不要只顾着抱怨，学会感恩，未来路还长，要好好活，活出个顶天立地的男人样来。"

生活并不完美，马可比谁都清楚这句话的含义，但他更清楚，生活中完美也好，缺憾也好，能感受到的一切都是命运的馈赠，冷与暖，优与劣，取决于你用什么样的眼光去看。

人生的风景，就像多变的季节，有繁花似锦也有雪地寒天，而人有时就是会犯糊涂，被琐事羁绊，深陷其中无法自拔。有一对明眸，却偏向心中最晦暗的角落看，越看越觉得自己命不好，生活得不如意。我们这些四肢健全、身体健康的人更应时刻感激上苍眷顾，与其纠结一时一日的幸运或不幸，不如多一份从容，从容享受成功的喜悦，从容接纳生活中的遗憾。要知道，哪怕周围已是百花衰败零落尽，只要抬起头看看天，就会发现美好的东西仍在那广袤无垠的天空中，也有清风也有月。

有方法，不会卡

要知道，没有人需要或是可以得到绝对完美的生活：

1.首先，没有人能定义所谓的“完美生活”是什么，你也不能确定什么样的生活对你来说是最好的，不需要作进一步的优化。

2.其次，假使你现在没有的那些东西全都拥有了，你的生活也不会变得完美，因为随着需求水平上升，你又会发现其他想要却没有的东西。

3.最后，没有人真的需要完美，那会夺走生活的乐趣，让人的成长和发展变得毫无意义。

9. 别跟全世界都较劲

习惯性较劲儿的人身上多少会体现出一定偏执型人格特征，他们可能会比一般人固执、敏感多疑、心胸狭隘、好嫉妒、缺乏幽默细胞，同时由于潜意识里严重的自卑，又有着很高的自尊心，很低的安全感。与人交流时稍有言语失和，便会争论不休、强词夺理，甚至发怒攻击对方。他们很难放下防卫心理与人坦率交友或恋爱，日常生活工作中神经总处于紧张戒备状态，对周围亲友和同事的善意举动常会负面歪曲理解，进而发生摩擦、冲突，造成人际关系不和谐。事后他们无法对不和谐的根源做内部归因，分析起原委来所有错误都是别人的，吃亏受委屈的总是自己，令破裂的人际关系更加难以弥合。

当显著偏执型人格特征的想法、言论和行为越来越多出现在一个人身上，不仅他自己会感觉身心不适、孤独、焦躁甚至恐惧，周围的人们也能非常明显地感觉到他无缘无故抛出的恶意。这就让他们在社会交往中无可避免地处在一个非常尴尬的境地——强于他的人肯定不吃他这一套，兵来将挡水来土掩，以惩罚对敌意；弱于他的人深受其苦，只好敬而远之，免得引火烧身。针对这种看谁都不顺眼、对谁都不怀好意的人，时下流行叫他们“极品”。

某次与广告公司的陈总一起吃饭，席间说起人力资源管理的话题，他一声长叹就打开了话匣子，对我说在他的公司里有个叫甄峰的极品员工非常让他头疼。人就如其名，很多时候他和其他领导都怀疑甄峰是不是真“有点儿疯”，我以为他发愁解雇的问题，但愁眉紧锁的老总接着说：“唉！就这么个逮着谁扎谁的刺儿头，搅得大家心神不宁的，却不能辞掉，所以我才这么发愁。”

原来这个被称为“极品”的员工甄峰是陈总一个老同学的儿子，大学毕业没几年换了好几份工作了，在哪儿都干不长。他爸爸跟陈总是大学时的舍友，还是上下铺的兄弟，那感情不是一般的深厚，这次为了儿子的工作又是送礼又是拜托的，陈总想也没想就应承下来，还对老同学信誓旦旦地说：“咱哥俩是什么关系，你这宝贝儿子跟着我绝没有亏吃，你就放一万个心吧！”这事说来虽是陈总思虑不全欠妥当，但考虑到自己开了这么大一公司，给人安排个行政助理的闲职混口饭吃还是不成问题的，哪承想，甄峰进了公司，陈总的噩梦就开始了。

甄峰的性格跟他那个憨憨的老爹可是一点儿也不一样，他的脸上总堆积着厚厚的阴云，开始时同事们都以为他只是不习惯新环境的缘故，等大家熟络了就会热情起来。渐渐地，人们发现甄峰的敌意并不是因为初来乍到紧张所致，他的愤世嫉俗和心胸狭隘先是让负责带他的小吴碰了一鼻子灰，又让两人的共同上司王主任生了一肚子气。入职3个月试用期满时，主管领导怎么都不肯在其转正通知上签字，还是陈总亲自出马，才破格给他转了正。

转正之后，甄峰不仅没有转变态度虚心工作，反而更抵触工作了，周一上午的部门晨会他不愿意参加，还冷嘲热讽地说纯粹是在浪费生命；主任让他出去给客户送份文件，他磨蹭了半天也没动身，被主任问起送到了没有，竟然反问主任为什么让他做低级的体力活。有一天中午，部门为一急件赶工，大家都在加班，主任看他闲着，就让他去买些盒饭回来，吃完饭好继续忙．没想到甄峰却气得嘴唇发抖，攥着拳头一字一句地对他说：“我是正经大学毕业生，来到这个公司是做行政助理工作的，不是给你们跑腿买盒饭的勤杂工！”呛得主任不想跟他理论，只好找到陈总吐苦水。这种事多了，陈总也充分领教了这个“甄大少爷”特立独行、敢为天下先的别扭性格。就算真有一两个员工对他不那么友善，也不能整个公司上下连保洁、保安、送快递的都欺负他啊……说到最后，陈总自己也气得不行，猛灌酒，看他样子，恐怕是铁了心要解决甄峰这个麻烦，不用猜就知道甄峰在这家公司做不久了。

抵触情绪是一种深层次的负面情绪，一般体现为针对某些个人、某些独立或相似事件、某些特定行为、某种环境的抗拒和敌意。偶尔产生这样的“小别扭”无伤大雅，只要及时调整心态或者闹个脾气疏解一下也就过去了，但发现自己有时间持续性、对象广泛性的抗拒情绪产生时可就要提高警惕了。像甄峰那样的性格，在每个公司都待不久，因为他对人对事的敌意不仅影响了自己的职业发展，也干扰了同事之间正常的沟通和协作。

有方法，不会卡

我们虽然不至于像甄峰那么极端，但在工作压力下偶尔也会产生类似的反抗情绪，要学会克服对抗心理，平复冒尖的焦躁心情。比如：

1.在感觉到他人冒犯了自己而不高兴或者看他人的言行不顺眼时，首先力求**回避刺激源**，老话说得好：“眼不见，心不烦，转身向后，怒去一半。”

2.**怒从心头起的时候，要及时检查自省**，看看是不是毫无原因就陷于了“敌对心理”的旋涡，如果正是这样，可以考虑做些别的事情转移注意力，在大脑皮层里建立另外一个兴奋灶，或者深呼吸、原地做几个蹲起，缓解心跳加快、呼吸紧迫、脸色难看等应激反应。

3.如果能明确自己的抗拒与不爽源自虚荣心强、感情脆弱，则要返回源头处疏导压力，**将事先自我提醒和事后反省纠正形成思维习惯**，善意理解并尊重他人，学会感恩而不是满心不平衡地苛责别人。

◎ 本章小结 ◎

生活中处处都有阳光雨露正能量，同时也遍布着负面抑郁的刺激源。世上不存在完全没情绪、没脾气的人，及时体察自己的情绪状况，选择合适的形式适当纾解，反而比一味压抑忍耐更有利于对情绪的调节和平衡。合理调控自己的情绪，用阳光积极的视角去晾晒心里阴暗的角落，不仅能帮助我们更快找回乐观、满足、热情的健康积极心态，也能让我们成为更可爱、更值得人信赖与亲近的“向日葵”族，赢得和谐人际关系，助力个人发展。

第三章

Chapter

把你的“不爽”转移到合适的地方

——关于情绪的“移花接木”

喜、怒、哀、乐的情绪每天都在人群中上演，主动调整情绪，自觉注意自己的言行，是一个成熟、健全的人开始驾驭自己内心和生活的关键一步。

我们不仅要学会如何让正能量最大限度地维持和延续下去，更要学会将积极的讯号传递出去，影响周围的人和环境，最终营造一个和谐舒适的能量场。而当陷于负面情绪时，则要学会及时有效地把消极负面能量转移、化解，并掌握在不伤害他人的前提下转移坏情绪的技巧，不让郁闷像滚雪球那样越聚越多。

1. 如果看电影让你不爽，那不如试试听音乐

每个人对外界刺激的感知和加工过程都不尽相同，各种刺激源给每个人心理活动带来的影响也不一样，这造成了我们有截然不同的性格和志趣，也让我们对大千世界万事万物有了自己独特的选择。在选择转移不良情绪的方式时，首先要“对症下药”，只有找到属于自己的那个“穴位”，才能有的放矢，尽快把自己从负面感受的包围中拖拽出去。

遗憾的是，在负面情绪铺天盖地席卷而来的时候，很多人不能一下子找到调整心情的良方，开始时的“自救”过程可能慌乱而盲目，但相信我，只要你开始寻找，就一定能找到医治心情的灵丹妙药。

枯黄树叶从枝头飘落的深秋，小雨失恋了，那个曾经信誓旦旦要与她执手偕老的男朋友背着她跟女上司搞在了一起。分手那天，曾经温柔体贴的男人紧紧皱着眉，一脸不耐烦的表情，没有过多解释，只淡淡地宣布了她已经“出局”的结果。相识6载，牵手3年，却在瞬间转身告别，没了爱情的小雨想装作不那么难过，但心中仿佛也下起了冰冷的雨，让她有种呼吸都快结冰的错觉。

一个人的日子寂寞孤单，她开始看一些疗伤文字，听一些抒情歌曲，努力不让自己被浓浓的悲伤击败。她去参加好姐妹们的派对，在她们的怒骂和安慰中感受温暖，她晚上会去健身房跑步跳操，周末报了茶道学习班，跟家人一起郊游时又背起了旧旧的画板，她要给自己多找些事做，不让时间出现空缺。起初不管做什么，她的脑海中总是萦绕着过去的回忆，两人共同生活过的这座城市像是故意在折磨她，时时处处拿过去的甜蜜与她作对。但小雨明白，爱情不是一个人的事情，不管曾多么近的两颗心，不管

把对方的手握得多么紧，一旦不再爱了，死缠烂打也没有任何意义。为了尽快摆脱阴郁的心情，小雨给自己制定了与失恋大作战的详细计划，她在日记本上详细地罗列着自己喜欢的东西，爱吃的食物，想看的风景，还想好了每天睡前要看的经典电影。

就这样，日子一天一天地过去，天空开始飘落第一场毛茸茸的初雪时，小雨和朋友们来到山中小木屋，围着熊熊燃烧的炉火，讲着这一年以来遇到的奇闻逸事，分享彼此的快乐，也分担彼此的痛苦。轮到小雨讲的时候，房间里一下安静下来，朋友们都很担心失恋没多久的小雨会说伤心往事，但小雨却微笑着讲起了自己前些天看的一部动画电影。电影里的主人公是一头胖墩墩的白熊，它有一颗温暖善良的心，也有一群痴傻呆萌的铁杆好友，年幼时从猎人的陷阱里逃脱，九死一生，却并不怨恨带给它伤害的猎人。在影片的最后，反而和好友一起救了猎人迷路的小女儿。白熊幸福地生活着，有了自己的小餐馆，也有了更多的朋友，它总能敏锐地发现别人眼里的忧郁，也总能用自己厚厚的熊掌帮他们拍散头顶的乌云。小雨说，她也想像白熊一样积极乐观地生活，未来能有一家小小的茶餐厅，招待这帮一路走来给她支持的“呆萌好友”。她眼中的笑意不是逞强，说起未来，她一脸的认真，就像当初认真恋爱一样。

后来有个姐妹也失恋了，问起小雨是怎么扛过失恋这最艰难的时期。小雨想了想，说自己不是超人，在爱情里吃的苦怎么能轻易就忘记，其实也曾撕心裂肺地哭过，也曾想过报复，但后来转念一想，都是成年人了，哪能因为分手就寻死觅活。人生苦短，因缘无常，日子还是要继续过，打定了主意，也就不再放任自己沉溺于悲情。她尝试了各种能够转移注意力、调节情绪的方法，一个没效果就换下一个，换着换着，失恋的伤淡了，也发现了生活中更多有意思的新乐趣。真的是只要想通了，看开了，总能走出情绪阴影。对她来说，看电影就是个不错的办法，跟着主人公遍尝人间冷暖，让她的灵魂仿佛也受到了洗礼。她建议这位好姐妹也打起精神来，给自己找些乐子，相信一切都会好起来，一切就真的都会好起来的。

面对失恋的伤，小雨如果偏不振作起来会怎样呢？当然，她有关系很好的朋友们，还有很爱她的父母亲人，如果她沉浸在悲伤里无法自拔，他们一定会给她最大限度的包容和鼓励。她可以尽情咒骂那个负心的“陈世美”，可以整天抱着纸巾盒哭泣，甚至可以辞了工作躲在房间里不见任何人。在一段时间里，她可以消耗周围人提供的正能量，放任自己的负能量聚集，但时间长了，她悲惨的境遇还是没有任何改变，态度变得愈加消极被动，对他人的行为反馈产生不合理的期待，等于是主动放弃了对自己内心的控制权。今天是失恋，明天如果是被同事排挤、被朋友欺骗呢？

小雨很好地践行了情绪转移法中“及时”、“主动”的两条要旨，及时避开爱情受挫的不良刺激，把注意力、精力和兴趣投入到其他事情中去，不断尝试能够唤起积极情绪反应的各种娱乐休闲活动。她借助了周围亲友传递的温暖，同时逼着自己向前走，大幅度减轻负面情绪对内心的冲击。

有方法，不会卡

为情绪“移花接木”时，要时常提醒自己：

1. 没有过不去、忘不了的悲伤。

2. 迈开步子向前走的决心永远比前方到底会怎样更重要。

3. 相信自己可以战胜坏情绪，是为自己心灵的航船掌好舵，进而赢回幸福生活的第一法则。

2. 身心俱疲时放下工作独自远行

在一本著名旅游杂志上有这样一段卷首语：“旅行能带领旅行者回归到一种真正的自然，通过旅行你能找回被你自己忽略的东西，而且这些东西比起日常生活更有一种永恒的意义，于是它也就是一种内心体验的人生之旅。出发，回归，然后又出发再回归。在此之间，每一轮起点和终点，你不断地审视自己，认清世界，丰满自己人生，懂得生命的真谛！”而一个人去旅行，既是一种让身体挣脱藩篱的革命，又是一场让心灵焕然新生的仪式，我们被工作牵绊，难得的假期还要用来解决围绕着车子、房子、票子、孩子发生的各种难题。可能说了一万次想要远行，最后只是匆匆忙忙报个旅行团，来上一次以旅游为幌子的“急行军”。也许我们缺的并不是时间，而是放下诸多挂碍，真正从枯木般腐朽的疲态中解放自己的勇气。

小柯是个踏实内向、沉默得显得有些怯懦的男人，在一家小报社做编辑已经十年了。每天6点半起床，7点半出家门，8点到达离家不远的单位，浇浇花，收拾一下桌子，8点半开始一天的工作，中午11点半开始午休，吃饭，散步，趴在桌子上打个盹儿，醒来以后继续工作，晚上6点左右下班回家。一年365天，减去周末和法定节假日公休，剩下的日子他都这样平淡无奇地度过。工作的内容不算繁重，但从早到晚基本也没断过，他敬业也负责，按部就班地履行自己职责，一丝不苟地完成工作任务。

就是这样一个生活工作规律雷打不动的男人，突然有一天对主编提交了一份停薪留职申请，说自己决心已定，要去西藏旅行一趟，请两个月的假，这无疑是在报社丢下了一颗重磅炸弹，同事们都想不到小柯竟然下定决心脱岗去旅游，而且据他说，这次进藏全程只有他一个人！

主编首先想到就是小柯是不是在生活中遇到了什么挫折，是不是神经受到什么刺激，甚至想到了他是不是对单位和领导有什么意见，才做这种疯狂的决定。到底是什么让他决定走出原本固守的条条框框，前往藏区重走青春路的呢？原来一次偶然的机会，小柯在朋友买的杂志上读到了一篇名为《心灵之旅》的心理学美文，文章很长，分析了各种各样被一成不变的工作、生活禁锢的人，并建议体察自己日常的情绪，监控那些导致不幸福的负面讯号，当读者感觉到肩上和心上的重担已经压得自己摇摇欲坠时，不如把它们暂时都放下，来一次华丽自由的冒险，给身体放个假，也给脑子放个风。从那之后，他开始注意起自己的情绪波动，每天按时按点上下班的他很少放声大笑，很少感觉惊喜、快活，在大家眼里是个不好不赖的人。他的身体常常会很劳累，但只要不病得厉害了，他就忍耐着。他的心情就像一潭死水，没有大喜大悲，没有小小感动，反而显得苍老又麻木。小柯自嘲地想，所谓的身心俱疲、未老先衰，大概说的就是自己这样的状态吧？就在他意识到自己状态很差却犹豫着不知该不该踏出第一步的时候，一个身患重病的老同学在班级论坛里上传了自己千里走单骑的壮阔旅程，同时也分享了自己一路走来身心都获得重生的种种体会和感动。看着一张张照片上鬼斧天工的奇景，看着那个平时不苟言笑的老同学手舞足蹈摆出各种pose的身影，小柯感觉到自己心里某些地方冰冷的枷锁在慢慢变热——想要挣脱、想要逃离、想要自由的念头变得无比强烈。

“再不出发就真的老了”，知道自己干涸的心灵需要什么，也终于下定突破自我的决心，小柯向领导递交了歇长假的申请书。得到领导批准的那天，小柯兴高采烈地收拾了工作台，神清气爽地奔出单位，只是想想未知的旅程，他都会心跳不已。或许让他发生改变的不是多么完美的一次出走，而是背起行囊带自己“私奔”的这个决定。

你可能也像小柯一样，惴惴不安地担忧着月底的绩效，害怕领导挑剔的眼神和刻薄的话语，逃避可能令你受伤的竞争关系。工作中每件事都比天大，进了办公室，对着小小的格子间，唯一还能压榨的就是自己的心。

作为一个活人，却想不出自己与面前的桌椅板凳、电脑电机有什么区别，自由的大门仿佛从未对你敞开，因为那些了不得的“必须”让你感到身心俱疲，活着了无生趣。

是时候甩开一切走出去了，只有一个人旅行时，才听得到自己内心的声音，闯出那些不知被谁死死设定的轨道，打破那些被强加在你身上的规矩。这世界比你想象中更多彩、更广博，你自己比你想象得更坚强、更独立，只要你敢走出去，睁开双眼看这天地美景，一双隐形的翅膀就会带你飞行。背起行囊，离开熟悉的环境，去探索陌生的风景，体验一种从未有过的生活。在路上，你甚至不知道明天会遇到谁，又有怎样的对白，抬起头看看天空，你会发现，曾纠结不放的那些琐事，怎敢称“天大”，它们甚至抵不上路旁一块顽石。

有方法，不会卡

人生偶尔可以放肆一次，完全抛开常规，挣脱约束，让心灵彻底撒一次野。这就开始行动吧：

1.挑选一个周五或周一请一天假，连上周末两天，组成一个属于自己的小长假。

2.准备简单的行囊，进行为期3天的短途旅行，尽量挑选那些较成熟的郊区旅游线路，循序渐进提升难度。

3.再次回到工作中时，一样的座位，一样的工作，你却已经不再是那个不知为何而奔命的自己，因为旅行给了你真正能看见未知世界的眼睛。

3. 脑子太满运作不畅，该遗忘的就遗忘

人的大脑是一个记忆的宝库，人脑经历过的事物，思考过的问题，体验过的情感和情绪，练习过的动作，都可以成为记忆的内容。对那些美好的记忆，我们都希望能更长更久更清晰地保存起来，而痛苦伤悲则是越快抛之脑后越好。幸运的是，那些不想忘掉的快乐幸福，有录音录像和文字照片帮我们珍藏，而想要摆脱掉的堵心事、坏心情，有大脑的遗忘功能来帮我们的忙。

不管我们愿意不愿意，人脑中的信息资料总会处于逐渐被遗忘的过程中，淡化和同化、淡忘与遗忘的现象遵循一定曲线有规律地发生，这就让我们能够主动采取一定方式记住想记住的，忘掉想忘掉的，有选择地调整记忆内容来获取更高的生活质量。

对那些事与愿违的经历，既然发生了，就只有承受，事情过去了，我们要学会"翻篇儿"，脑子太满运作不畅，该遗忘的就一定要遗忘。

去年的一天，我在某街道法律咨询活动中认识了一位周姓大姐，在交谈的过程中发现，她的痛苦和麻烦并不是法律能够解决的，她更需要的应该是一次专业有效的心理咨询。

这位周大姐50岁上下的年纪，穿着皱巴巴的布褂子，破着洞的旧布鞋，从外表上乍一看有些七八十年代的感觉。第一次向律师询问法律问题，周大姐明显有些紧张，她局促不安地绞着手里的一块小毛巾，有一肚子委屈却不知道从哪里说起。为了打破尴尬的气氛，所里的小律师忙端来一杯水，亲切地对她说："阿姨，您先别急，喝点茶水，慢慢说。"没想到周大姐看着她，眼泪竟然流了出来，她一边哭一边说："多好的闺女啊！我儿子

要是活着，也该这么大了！”这一句话让我们心里都是一惊，听得出来，周大姐的儿子早夭，白发人送黑发人，怪不得她这么悲痛。

周大姐喝了口水，一边抹眼泪一边开始讲述自己的遭遇：“别看我现在这个落魄的样子，倒退30年，我可是厂里的一枝花，要不是瞎了眼，跟了那个人面兽心的畜生，我的命怎么会这么苦！”我听她话里的意思，恐怕是想咨询婚姻家庭问题，没想到周大姐话锋一转，接着说：“邻居老张头真不是个东西，要不是他们在过道里堆了砖头，我那倒霉的儿也不会死，他才7岁啊！”听她又说到了邻居的事，我便问：“您是想追究邻居老张对您儿子死亡应承担的责任？”周大姐擦擦泪，继续说：“那个法院都给判完了，赔了钱，这么一说也有快15年了，但是他真坑死我了啊，我心里怎么也放不下，阴天下雨我就心里堵，我的命好苦！”一个年轻的女律师见她说的是十多年前一桩已经了结的案件，便问：“都过去这么久了……那您这是？”她不问还好，一问周大姐哭得更凶了：“我心里像堵着块大石头啊，我白天想、夜里想，我睡不着、吃不香，我是造了什么孽，怎么也饶不了那个天杀的老张啊！你们是律师，你们帮帮我，让警察把他抓进监狱里去，我的儿九泉之下也能瞑目……”后来听在一旁排队等咨询的邻居们说，这个周大姐是远近闻名的“老怨妇”，年轻时大儿子在一次暴雨导致的砖墙倒塌事故中意外死亡，从此她便一直沉浸在失去长子的悲痛中，开始时大家还同情她、安慰她，过了几个月又过了几年，她遇逢人便对其讲自己的悲惨遭遇，最后丈夫实在忍受不了了，带着孩子们离开了她，这让她的生活更加悲惨，也让她愁云密布的脸上再难看见笑容。

周大姐的痛苦不是法律能解决的，也不是热心的邻居、好心的亲友能够帮上忙的，她在自己的脑海里堆积了太多痛苦的记忆，自觉不自觉地翻出来回味，一遍一遍重温消极的情绪，3年、5年过去了，10年、15年过去了，她心头的伤口始终不能结痂，总让她疼。

我们应该用其他积极情绪去冲淡、去同化那些悲惨的记忆，使之从我们每天的思维活动中淡去。可能悲伤不会一下就消失不见，但许多年前的负面情绪会被后来的美好体验慢慢抵消，这也是为什么我们总说时间会医治心中的伤。这种借助大脑遗忘功能产生的自助效果在一种情况下会失效，那就是像周大姐那样不断强化消极体验的极端情形。出于执念，她总在刻意地提醒自己经历的那场惨剧，经过多年强化，当时的痛苦不仅没有减弱，反而跟随后面引发的一系列痛苦融合，让她无法分清自己究竟是因为什么而悲伤，为什么会生活凄惨，只是重复着这不幸的恶性循环。

有方法，不会卡

拒绝做一个悲伤忧郁的人，告别旧伤痕，就从此刻起，轻装再起航：

1.遗忘的前提是**不再反复温习**，别在琢磨那些陈年往事了。

2.对旧物，如果不能理智看待，那么该扔就扔，该毁就毁，**狠心切断回忆**，才能帮心灵挣脱镣铐，重获自由。

3.**学会遗忘**，就像学会牢记一样重要，不要轻易对自己说“忘不掉”，不管一个人想放下什么，都要自己先张开自己的手掌，这一步，没有谁能够替你完成，做完这一步，你就会看到自己的变化和成长。

4. 要知道，你或许是很多人羡慕的对象

有人笑称在五十六个民族之外，还有着一个新的民族，叫作“不知族”。这个民族的民众大多生活在繁华都市中，都有着还说得过去的生存条件，大部分处在温饱线上，有的甚至已经超越了小康水平。他们可能有着体面的工作，完整的家庭；有着能够遮风避雨的房子，不算很豪华却足以舒适出行的车子；身体会有这样那样的小毛病却无丝毫残障，但他们的内心却总是焦躁干渴，对社会和国家满是抱怨指责，对他人拥有的一切好东西艳羡不已，仿佛永远不知道感恩和满足。而我们的董小姐就是这样一位彻头彻尾的“不知族”。

董小姐模样清秀可人，有着一双亮晶晶的丹凤眼和一头长长的齐腰黑发，但她不喜欢自己的样子，嫌自己睫毛太短，眼睛太小，鼻子不够挺，嘴巴不够小。头发烫了染、染了烫，不管是什么颜色，是垂顺还是卷蓬，总是感觉还不够迷人。她不口吃也不结巴，说得一口流利的普通话，却讨厌自己声音不似黄莺，干巴巴的，一点儿也不娇。她有一双巧手，能写能画，还喜欢做手工，但她总琢磨自己的手指怎么不像小说里写的“水葱茎”，跟女明星比起来看着就粗笨。她一米六二的身高，体重常年保持在五六十公斤，还算匀称，却极度不满自己的身材，总在琢磨着怎么减肥怎么增高，恨自己爹娘基因差，没把自己生出一双修长美腿，反而脖子短、水桶腰。大学四年，在一所蛮有名的高校读完了管理学，可她不喜欢自己的专业，想重新参加高考选择法律或者对外经贸，只怪时间不能倒流，世上没有后悔药。

董小姐有个在机场安检处工作的男朋友，高高的个子，浓浓的眉毛，

憨憨傻傻的小伙子，对谁都爱笑。但董小姐知道，她这个男朋友可不像看上去那么好，他神经大条不知道心疼人，他贪玩懒惰不怎么会做家务，他只有一辆已经开了七年的小破车，他没什么肌肉唱歌还跑调，他虽在机场工作，却从没坐着大飞机出过国，他存折上的那点余额连一处像样的房子也买不了。跟电视剧里的男主角比，他缺点毛病太多，浪漫情趣太少。

董小姐自己在毕业后到了一个老字号饭店做大堂经理，每天穿着唐装小袄绣花鞋，在华丽的宴会厅里招呼全国各地的宾客。这样的工作对她来说太卑贱、太辛苦、太郁闷，每天应对的麻烦太多，月底拿到的薪水太少，与其说是不喜欢，不如说她是有些恨的，凭什么大学毕业的自己只能做这种伺候人的工作？凭什么别人坐着吃山珍海味，她却要站着看着，还要为了客人的无理要求东奔西跑？董小姐觉得自己压力好大，年纪轻轻就累出了一身病，虽然去医院查来查去也没什么具体病因，但她就是觉得腰酸背痛脖子发硬，白天没精神，晚上睡不好。就算没病也是“亚健康”，就算不能请假休息，也该少干点儿活，多做做按摩，少受点儿气，多被人宠一宠。

生活中的一切都让董小姐失望，她的父母没权势，男朋友没本事，她自己没什么傲人天资，也没有从天而降的机遇，有的只是每天无聊地上班下班。她觉得日子过得无聊透了，自己怎么那么倒霉，没有赶上好时候，没有赶上好命运。

从董小姐的故事中我们不难发现，她已经拥有了许多足以令人羡慕的东西，只要她能静下来，学会带着感恩的心看待自己周遭的一切，她的生活中一定会多出很多幸福快乐，少很多嫉妒和埋怨。

老子曾说：“祸莫大于不知足，咎莫大于欲得。”说的正是人心不足蛇吞象，欲壑比什么都难填满。欲望就像一座随时可能喷发的火山，对现状的不满无限膨胀，发展成贪婪善妒的习性，就可能让人在不理智的攀比中沉沦，迷失心灵的方向，不仅会使本来可以实现的欲望化为泡影，还可能把人引向毁灭。

有方法，不会卡

觉得自己不幸福时，首先要想到这一点——你或许是很多人羡慕的对象：

1. 那些看似理所应当的东西，比如健全的肢体、明亮的眼睛、说不上倾国倾城却至少正常的容貌，是多少人这辈子都不可能拥有的巨大财富。

2. 不孝顺父母的人，不知道孤儿们的辛酸；不珍惜伴侣的人，也不知道人与人之间产生爱情是多么美好的体验。

3. 吃穿不愁，受过良好教育，有着稳定收入的人，跟这地球上80%的人相比，已经是绝对的胜者、幸福者，还有什么资格去抱怨？

5.警惕身边的“情绪污染”

坏情绪的扩散无疑会造成一种紧张、烦恼甚至敌意的气氛在人群中蔓延。情绪污染是指在消极负面情绪的影响下，造成大面积或连锁性质的多人心情不畅，负能量在一定范围内堆集。

坏情绪就像恼人的流感病毒，人群中一旦有一个人“染病”，其他与他接近的人也可能跟着遭殃。情绪病毒的产生是心理平衡机制失调所致，它的传播也是借助个体粗暴、冷漠等消极态度去攻击他人的心理防卫机制，造成被攻击者与“病原体”情绪同化，变得情绪低落甚至比他更加郁闷、暴躁。

亚楠受了领导的气，一大早就因为别人的错误背黑锅，挨了骂还被扣了半个月的奖金，她心里这叫一个憋屈。碍于领导的威严，她敢怒不敢言，连解释的话也不敢多说，眼泪在眼眶里打转。好不容易在同事异样的眼光中熬过了上午，中午去餐厅吃饭时，邻桌的男人不小心把菜汤溅在了她的衬衣袖子上，这可一下子激怒了满腔怨气的亚楠。她腾地站起来，指着那个“肇事者”就破口大骂：“你是没长眼睛怎么着！菜汤甩我身上了！我这衬衣好几百买的，沾上臭油腥洗不掉你懂不懂！什么素质啊你！”而被骂的这个倒霉男人名叫林海，跟亚楠同在一个公司却不在同一部门，顶多见过，互相却不认识。他自知理亏，对方又是个明显岁数比自己小的姑娘，在众目睽睽之下不好发作，只得连连道歉，饭都没吃完就端着盘子耷拉着脑袋逃也似的离开了餐厅。

回到办公室，林海越想越觉得委屈，把菜汤溅到人家衣服上确实是自己不对，但自己真不是故意的。而且这事也不到十恶不赦的地步，对方犯得着骂得那么难听么？自己都这么大岁数了，当着那么多人被一姑娘劈头盖脸地骂，周围还有好几个下属在看热闹，脸面往哪里放。他越想越气，恨自己刚才忍气吞声太软弱，就应该狠狠回敬那个“泼妇”几句，让她知道什么叫真正的没教养。在这种“一失足成千古恨，一嘴软大仇不得报”的悔恨和不甘中，林海度过了一个如坐针毡的下午。好不容易盼到下班了，部门却来了紧急任务，要他再加一会儿班。林海心有不满，也没有别的办法，只好苦着脸继续埋头工作。这时候他的电话响了起来，来电话的是他的老母亲，接起电话就听母亲催促道：“怎么还不回来，我和你爸早就做好了饭，汤都凉了，你不会又把回家吃饭的事忘了吧？”林海这才想起来，早晨跟父母约好了晚上回家吃饭，但是手头的活儿还没做完，他心里气急，对着母亲没好气地说：“你怎么就知道我忘了！我又不像你跟我爸，退休了成天在家闲得没事干，我还要工作！老板让我加班难道我能说不加就不加吗？真是的！老这样催催催，你们不会先吃吗？没事尽给我添乱，我这忙成这样了还要跟你讲电话！我不回去了，你们自己吃吧！”说完就挂断了电话。

电话那头，林海的母亲气得手直发抖，老太太心疼儿子，从中午就开始忙活，特意做了一大桌子他最爱吃的菜，却没想到打个电话喊他回家会遭到这样一顿抢白。撂下电话，老太太开始抹眼泪，林海的父亲一看老伴哭了，拿起电话就要好好教训一下不孝子，老太太却拉着他不让他打，儿子的话如钢针插在她心口，“成天闲得没事干……就知道添乱……”，她不想自己岁数大了成为儿子的负担，更不想让老伴也面对儿子不耐烦的吼叫。林老爹气得跺脚，转过脸来就吼林海的母亲，说儿子这么混蛋都是被她这个当妈的惯出来的，捧在手心怕摔着，舍不得打舍不得罚，才变成如今这么放肆，一点儿也不懂孝道。

骂完了哭哭啼啼的老伴，林老爹扔下筷子摔门离去，林家这顿家宴算是泡汤了。气得呼哧带喘的林老爹下了楼，迎面遇上邻居孙大爷，孙大爷见他吹胡子瞪眼往前冲，赶忙拉住他问出什么事了。俩老头把这事一聊，原本开开心心出来遛弯的孙大爷想起自己远在外地的女儿，平时电话不打一个，不到过年连人影也见不着，心里一股悲伤涌上来，也跟着连连叹气。两个老头坐在花园的长椅上，落寞的背影格外凄凉。

心理学上有个著名的“踢猫效应”，说的是人的不满情绪和糟糕心情，一般会沿着等级和强弱组成的社会关系链条依次传递，由金字塔尖的强势者一路扩散到最底层的弱势者，无处发泄的最弱小的那一个群体，被形象地比喻成“小猫”，就成了最终的受害者。

任何人都会有心情不好的时候，每当这时，一是要有点儿忍耐和克制精神，学会善良积极的情绪转移，首先做到不把不良情绪发泄到周围人身上，不能仗着自己的身份、地位肆意欺凌弱小；其次是不能把工作场合的坏情绪带回家，将心中怨气发泄到与自己关系亲密的家人身上。

一个控制不了情绪，不懂得尊重和保护周围亲友的人，不能算是一个成熟、有责任心的社会人。不要以为把情绪发泄到别人身上对自己有利无害，就像天下没有免费的午餐，这个世界上也没有不需埋单的伤害，当一个人不注意调节自己所处的情绪环境，任由情绪污染发生、恶化，最终受毒害的还是自己。

有方法，不会卡

避免成为负面情绪“污染源”，你应该先搞明白：

1.物以类聚人以群分，你是什么人便会遇上什么人，你是什么人便会选择什么人。

2.人总是很容易被自己催眠，总是挂在嘴上的人生，就是你的人生，避免负面言论，不要口出恶言，于人于己都有利。

3.能量守恒定律没有骗人，若你总对身边的人施以负面能量，就不要指望自己被积极的正能量包围。

6. 用你的情绪正能量去感染他人

因为害怕黑暗，人类向上帝要求光明，因为害怕冰冷，人类又向上帝要求火焰，但人们发现自己还是在瑟瑟发抖，外界的冰冷和阴暗虽然被光明和火焰驱散，内心的阴霾却依旧困扰着弱小的人类。这一次，上帝赐给了人们“爱”，因为了有爱，人们学会了与他人交换情绪，学会了用心中的火光向他人、向这个世界传递温暖。

人们常把那些在关键时刻给予自己帮助和提携，让自己突飞猛进地进步并走向成功的人当作自己的“贵人”。在一般人眼中，有钱有势、手握人脉资源的人可能是自己的“贵人”，而在春吉看来，他的贵人却是一位在胡同口修自行车的老大爷。

事情还要从3个月前说起，刚拿了工资的春吉和一帮兄弟约好去KTV唱歌，在出发前突然接到单位的电话说财务科丢了钱，让身为出纳的他赶紧回去。春吉也顾不上多想，调转自行车就往单位飞奔，到了单位，看见老板和几个同事都围在财务办公室门口，里面有几个穿制服的警察正在进进出出的忙碌。一番询问下来，春吉发现自己处境不妙，丢钱的事自然先怀疑到他这个管钱的人头上，而他也拿不出什么证据证明自己的清白。老板娘是一个十分泼辣的中年女人，一心怀疑是春吉手脚不干净，也没顾及他的脸面，当着所有人大声质问他。暂不论钱是怎么丢的、谁拿的，就是被当做贼来质问，已经足够让春吉面红耳赤，不知所措了。他气急败坏地与老板娘争执，真恨身上没有一百张嘴为自己申冤。丢钱的事就这样折腾了好几天，最后查明竟然是老板的小儿子为了去网吧玩游戏，溜进财务室偷走的。春吉洗脱了冤屈，但在这几天里老板娘刻薄的言语、斩钉截铁地指责，却深深扎进他心里。他越想越郁闷，便开始谋划着怎么教训老板娘一顿，出口恶气。为了实施报复计划，春吉买了一瓶汽油和一捆麻绳，还将一把匕首包在厚厚的报纸里，藏进旧书包。他被怒火冲昏了头脑，已经顾不上想如此行动会有多么严重的后果。

这天，春吉把旧书包夹在自行车后座上，就出了门。想着自己即将干的“大事”，他无比紧张慌乱，没注意路面，也不知怎么的自行车轮卡进了地面缝隙，整个前轱辘都扭得变形了，没办法，他只好先推着车去胡同口修。远远看见修车大爷老刘的摊前有个人正在高声叫骂，很多人站在旁边围观，原来他怀疑老刘把他车筐里的公文包藏起来了，那个公文包里可装着两万多元货款。这业务员在送货款的路上车胎扎了，他记得清清楚楚就是连着公文包一起把车交给了老刘，自己去旁边面馆吃午饭，结账时突然想起钱的事，急忙赶回来找，可老刘说没看见什么公文包。面对客人跳着脚怒骂，老刘非但没有生气与他对骂，反而客客气气地对他，说自己已经帮他报了警，等警察来了会把事情查清楚，让他少安毋躁，并请他在面积并不大的小摊翻找。在老刘态度诚恳的解释下，那个丢钱的业务员也不好再发作，他擦着汗，口气软下来，对老刘说：“师傅，您别怪我态度差，我是真着急啊，那是单位的货款，丢了就要我自己掏钱补上，我家里孩子还在生病，哪有这个闲钱，怎么就丢了呢，我是真记得放在这车筐里啊！”老刘给他搬了个小凳子让他先坐下，拍着他的肩膀说道：“刚才跟你一块到摊上的还有两拨客人，都跟你一样，扔下车先去干别的了，我老了，也糊涂了，真没注意你车上还有个包，要不然肯定提醒你拿好了再走。现在找不到了你也别急，先坐坐，等会儿警察来了，他们有办法，要真是我老汉拿的，你放心，我也跑不了。”被老刘这么一说，那个丢钱的反倒不好意思起来，正在他跟老刘说话的时候，警察来了。让人惊讶的是警察还带着个黑色公文包，问是不是那个业务员丢的，说是有孩子捡到发现里面全是钱就交到了派出所。事情一下子水落石出了，老刘、警察和那个业务员都松了一口气，业务员对老刘连声道歉，最后大家笑成了一片。

春吉看着眼前发生的一切，发现老刘跟自己的遭遇如出一辙，可他泰然处之并化干戈为玉帛，自己却钻牛角尖甚至不惜犯罪复仇、玉石俱焚……他突然醒悟过来，老刘积极、平和的言行就像阳光射进他心里，驱散了沉重阴霾，把他拉出了犯罪深渊。他看看自己七扭八歪的车轱辘，心想一切都过去了，把它修好就回家，晚上还有球赛呢。

你的命运受你周围的人所见所闻影响，当你周围的人表现出积极、幸福、乐观时，你也会被正能量带来的积极氛围所感染；而你的言行也是影响周围人命运的小小因素，你的良善言行无疑会鼓舞和影响他们，帮助他们向着积极的方向发展。

我们每一个人都是社会的一分子，每个人的内心都蕴藏着无穷无尽的情绪正能量，不要让乌云遮掩了心中的那颗小太阳，千万别把自己的善良隐藏于心底，别吝啬自己的一次次平凡善举，可能你的一次无心之举，就能点亮别人的人生。

有方法，不会卡

你可以尝试如下行为，坚持一段时间，看看周围人的反应：

1. 过马路不闯红灯，一定等到绿灯亮时再走。

2. 逛街时有垃圾需要扔，只要没见到垃圾桶就一直拿着，绝不随地乱丢。

3. 对每一个为你提供帮助的人微笑并说谢谢，开始时可能有些别扭，一定要坚持。

4. 下雨天与那些没带伞的人同打一把伞，哪怕是顺路把他们带到车站也好，当然，可以先从帮助同一个写字楼里工作的人开始。

5. 参加公益活动，穿上写有文明标语的文化衫，或者制作文明行为的标语牌帮助宣传。

7. 宠辱不惊，主动掌控情绪

明代有一位“还初道人”洪应明，他著有一部论述修养、人生、处世、出世的语录集，叫《菜根谭》，其中有一句“宠辱不惊，闲看庭前花开花落；去留无意，漫随天外云卷云舒”。意为一个人无论是获得荣宠还是蒙受毁辱，都应毫不惊惶，就好像悠闲时观赏庭前盛开又凋零的花朵，盛衰与自己无关，不论位高权重还是身处草根阶层，都像天上云朵，随意来去，对身份、地位毫不执着。后人用“宠辱不惊”一词赞美那些在顺境中奋斗拼搏，在逆境中依旧坚持自我、不放弃理想的伟大贤者。而现实生活中，人都有着这样那样的情绪，面对挫折困苦，难免心情低落、垂泪叹气；遇到幸事良机，又忍不住欢呼雀跃，有失稳重。其实，那些能置身事外通透境界的人，他可能从未手握重权叱咤风云，也未做出什么丰功伟绩，但必定是一个内心强大能够掌控自己情绪的人。

杨律师毕业于国内著名学府法学院，本硕连读之后顺利通过了国家司法考试，拿下了资格证，工作一年后就成长为独当一面的优秀律师。她做工作往往在事先不纠结得失成败，只是一门心思去努力，常挂在嘴边的一句话就是“谋事在人，成事在天”。

在杨律师所精专的刑事辩护业务领域，一场诉讼下来，输赢不仅关系经济利益，更多地会关系到一个人的自由和他的后半生。她一个年轻女性，却偏偏选了这么一个危机四伏又压力巨大的方向，让她的授业恩师和友人都十分意外。她自己却觉得与其为了赚钱做自己不那么喜欢的事，不如放开手脚去追求理想，刑事辩护虽然风险高、压力大，但是能够充分发挥她的业务专长，能救人于水火，作为法律人见证国家法制的发展进步，没什么不好。但是说起来简单，坚持下来真的不容易。刑事辩护一个很大的特点就是“替坏人说话”，作为刑事案件被告人的“帮凶”，律师除了面对案件本身的困难，还要承受受害人家属和社会舆论的巨大压力。杨律师承办过十分出彩的案子，为被告人洗脱了冤屈，让真凶伏法，被媒体广为报道传播，也办过普普通通的盗抢案件，因为发表了依据法律可以减轻犯罪人责任的辩护意见，在受害人家属的怒骂诅咒声中走出法庭。尤其作为强奸案件被告人的辩护律师时，遭到的侮辱、谩骂、诅咒，对于任何一个年轻的女性来说都是很难心平气和去接受的，但她依旧是一副波澜不惊的表情。在她看来，受害人家属之所以会那样愤怒和激动，她完全可以理解，但是国家法律在规定了犯人应被追究刑事责任之外，也明确规定了每个人，包括犯了罪的人，应当享有的基本人权。在站上法庭成为被告时，他们有权为自己辩解，有权借助律师的口发表对自己有利的意见，让每一个被告人作为“人”接受调查和审判，对杨律师来说，这比什么都更能体现法律的尊严。

杨律师能够做到宠辱不惊，得益于她能够理性地思考，引导自己的眼光看向积极的方面。对于自己从事的工作，只要不违反法律，又无愧于良心，不管他人怎么评价，也不会动摇她“但行好事，莫问前程”的决心。她常对那些不理解自己为什么在压力下还能保持良好心态的同事们说：“生死眼前过，成败转头空，想想人这一辈子没有多少年，做好一件事就不容易了，想通了自己努力能做好的事和怎么也做不到的事，自然能不受外界或褒或贬的影响，闲看庭前花开花落，漫随天外云卷云舒。稳住心神，保持积极心态是自己努力能做的，他人的看法和说法，则是怎么也控制不了的，不用在意太多。”

受到夸赞会开心，遭到批评会难过，这是再简单不过的情绪条件反射，当我们遵循着这一反射规律应对外界评价时，只能说我们是“正常的”，却不能说我们足够成熟、强大，做得很好。

有方法，不会卡

宠辱皆惊会使我们丧失情绪独立性，对他人的言行产生不合理的期待，在人际交往中陷入被动，被人无心伤害时还有可能反应过度，做出不成熟的举动，导致整体形象和气质受损，最终危害事业的发展。

他人的看法和评价固然重要，但我们很难让所有人都满意。对于他人的褒扬或贬低，能够做出改进的部分，自然要虚心听取，但如果只是对方一种情绪的表达，无益于自己为人处世的改善，我们是不是也要听风就是雨，让别人的好恶主宰了自己的情绪？这个问题的答案，相信你的心里已经有数，要记得，“闲言碎语耳边过，人间正道在心中”，走自己的路，让别人说去吧。

8. 要有主见，但不要有偏见

晕轮效应，又称“光环效应”，属于心理学范畴，指人们对他人的认知判断首先是根据个人的好恶得出的，然后再从这个判断推论出认知对象的其他品质的现象，由这个看似深奥的心理学现象引起的最常见的行为就是——偏见。

《中国大百科全书》的心理学篇中将“偏见”词条定义为“根据一定表象或虚假的信息相互作出判断，从而出现判断失误或判断本身与判断对象的真实情况不相符合现象”。错误的判断，盲目的推理，无知的肯定和否定，都是造成偏见的因素。现实生活中，我们很难避免根据第一印象带来的直觉定义他人的倾向，与其说不能避免，不如说我们都习惯这样做，并把这当作帮我们处理复杂微妙人际关系的“主观印象”，极少考虑自己所存的主观有可能滑向偏见一端，以至于无法在偏激的情感中审视自己的观点和立场，造成误解和尴尬。

美食杂志编辑白小林最近有点郁闷，郁闷的源头来自她办公室里新入职的一个实习生。

说起这个新人可真是了不得，她脸蛋漂亮身材好，打扮入时学历高，上班第一天就开了一辆银色小跑车，开进杂志社的院子径直就停在社长的大吉普车旁边，踩着一双猩红色高跟鞋，袅袅婷婷走进办公楼。进了大门来不及跟众位同事打招呼，先接起了电话，娇滴滴地说：“靓女，又想我了？那今儿晚上你老公就归我使唤了，不把本小姐伺候好了他可休想回家……你们俩可不是欠我的嘛，行行，本宫的财力你是了解的，有的是银子票子，你自己在家乖乖的啊，少不了你的好处！”也不知道电话那头是谁，她这边一口一个“本小姐”，一口一个“本宫”，笑得花枝乱颤，也不管同事们满脸惊讶诧异、厌恶不屑的表情。挂了电话，她整理了一下头发，脆生生地又开了腔：“你们好，我是新来的实习生，我叫李天娇，今天开始在这里上班，请问白小林白主编在吗？”哎哟，好一个霸气外露的李天娇，白小林听见她打电话时那些不正经的话语，又见她这副千金小姐的尊容，心里说不出的别扭，初次见面又不好当面发作，只好冷着脸上前打了招呼。就这样，这个“天之骄女”加入了她的小组，成了她十分看不顺眼却又只能忍受的一名直线下属。

李天娇入职之后，白小林每天上班看见她就觉得碍眼，那明晃晃的金属耳环碍眼，那忽闪忽闪的大长假睫毛碍眼，那“嘎噔嘎噔”响个不停的高跟鞋碍眼，尤其是她每天跟那个所谓的“靓女”打电话时说的那些话，简直就是不知廉耻，人家老公的内衣裤她都给买，她们之间是多么畸形又下流的关系。在这种厌恶之情的驱使下，白小林不但没有好好指导李天娇学习如何接手新工作，反而对她冷嘲热讽、处处刁难，李天娇的日子过得苦不堪言。她也不明白自己是哪里得罪了这位前辈高人，不管她怎么认真工作努力表现，得到的结果不是一通臭骂就是一声冷笑。总是拿热脸去贴冷屁股，她心里很委屈，关键是这位白大姐就像一块捂不暖的寒冰，任凭她卖力讨好，就是没用。

这天，李天娇又在白大主编的调教下遭了罪，终于忍不住跟白小林顶了嘴，她一边哭一边问白小林：“老师，您对我有什么不满有什么意见都可以直接对我说，为什么总对我这个态度，您说我是绣花枕头大草包，您说我是牙尖嘴利胸大无脑，这都不是批评了，这是人身攻击啊。我到底做错了什么，这么招您讨厌，您告诉我我改还不行吗……”白小林从没见过李天娇这副模样，看她哭得梨花带雨，眼泪扑簌簌地往下落，突然觉得自己是有些过分，李天娇再怎么娇蛮跋扈，再怎么道德败坏，那都是工作之外的事，在工作时，她能力出众，也算勤恳负责，自己一直跟她较劲儿，欺负一个刚毕业的孩子实在没必要。想到这里，她也软下了口气，安慰了李天娇几句，让她回去工作了。

自从那件事情发生之后，白小林开始注意自己的态度，有意识地调整自己看李天娇的眼光。这一注意，她还就真发现了让自己惭愧不已的真相——李天娇每天通电话调侃的那个“靓女”不是别人，正是她那人老心不老的母亲，而那个听起来与李天娇关系“龌龊”的男人，当然就是她的亲爹了。这样一来，别说是晚上跟他一起吃饭看电影，周末跟他一起登山郊游，就是买内衣内裤，关心睡眠如何、腰疼不疼，也一下清楚明白了。李天娇不是什么勾引别人老公的狐狸精，外表靓丽的她是个孝顺的好女孩，跟开明时髦的父母之间关系很亲密。得知了这点，白小林对李天娇的态度来了个180度大转弯，也发现了这个年轻漂亮的女孩身上越来越多的闪光点，不仅把她当做左膀右臂委以重任，还把她当做妹妹一样照顾，俩人变成了生活中的好友。

偏见带来的坏处总比好处多，因为从根源上讲它是根据片面、模糊、极端甚至错误的知觉形成的。当一个人对某个人或团体持有偏见，就会对其产生一种不公平、不合理的消极否定态度，从而在情感、认知、意向等方面贬低、误解、伤害对方。故事中白小林根据她以往的人生经历中总结出的属于“坏女人”的刻板印象，仅凭第一次见面就把外表靓丽、打扮时尚、行为很“潮”的李天娇轻易划入“坏女人”的分类，进而替天行道一般地欺负她、刁难她。在白小林借工作问题发泄的怒火中，并不包含对事不对人的正常因素，更多的是“看她不顺眼”这种极为主观的理由，可想而知，这种人际摩擦对开展工作、提高效率有百害而无一利。

除了工作场所偏见，在男女婚恋中极易出现偏见的地方就是相亲了。陌生的男女第一次见面前总会知道一些关于对方外貌、工作、收入的信息，见面后再加上第一眼“眼缘”基本就决定了对对方的态度，这时候抱有较严重偏见倾向的人就容易错失良缘，或者容易被某些善于伪装的对象迷惑。

有方法，不会卡

避免因偏见伤人害己，你可以尝试这样做，看看对方的反应：

1.消除刻板印象，不要轻易对人下定义、划是非，主观认定某些人就是如何如何。

2.增加平等的个人间的接触，给彼此一个深入了解对方的机会，关注点不是外表，而是性格。

3.跳出日常相处环境，增加一些不同的合作场景，换个角度看对方。

9. 将镇定培养成你的习惯

为什么说人在遇事时一定要镇定，而且越是遇到大事、要事、坏事就越要镇定？因为慌乱解决不了任何问题，反而会把简单问题变复杂，小麻烦搞成大麻烦。人在慌张的时候心理和生理上都会产生一系列反应，比如心跳加快、呼吸急促、动作准确性降低、肢体活动不协调、判断力下降、思维和语言逻辑混乱、克服困难的意志功能下降等。

很多灾难性的遭遇袭来时，就是神仙也难扭转败局，谁也没有硬要求我们去力挽狂澜、改写时局。日常生活和工作中，遇事能稳住心神处乱不惊就好，该看到的点看到了，该表达的意见表达了，谋事在人成事在天，便值得称道。试想一下，一个连自己的肢体都无法掌控的人，又怎么能控制局面、克服困境？在关键时刻能保持镇定、安抚他人，并冷静找出问题症结的人是“将才”，有成为领导的资质，而遇事先慌的人只能仰仗别人，屈居人下就一点儿也不冤枉了。

刘宏伟是一家大型图书连锁企业的副总经理，兼任公共事务科主任，这个所谓“公共事务科”，其实就是我们常听说的“公关部”，负责处理书店对外联系和突发事件。在他日常工作内容中处理起来最困难、最令人头疼的部分就是书店卖场内突发的人身伤害事故，而将年纪轻轻的他推上副总位置的，也正是他在负责这块工作时取得的傲人成果。

说起这位年轻有为的刘总，凡是跟他接触过的人，对他最大的印象便是他的镇定，这种镇定让他显得沉稳、老练，让岁数比他大的同事和顾客也会不自觉地对他肃然起敬。

这天，刘宏伟正在位于总店楼上的办公室里接受当地报纸读书栏目的记者采访，属下小王突然推开门冲了进来，没等刘伟开口问，她就大喊：“刘总坏了！打起来了！您快下去看看！孕妇！孕妇流产了！”她这话一出口，坐在沙发上的记者先是一惊，虽然他不是社会新闻部门的，但这么劲爆的突发事件，可得先把自己单位的同事叫来。眼看这个记者掏出手机要按，刘宏伟赶紧走过来，一边拉起他的手，一边对冲进门的女孩说：“小王，你先别慌，正好都市报的记者在，咱们一起下去看看。”又转向记者：“老丁，你刚才还问我每天忙些啥呢，正好我这活儿来了，你跟着一起下去吧，没准这事就是你出报道的好素材。”丁记者一看，人家副总没有下逐客令，反而很大方地邀请自己一同去看看情况，也不好急着打电话“搬兵”，便起身跟着他一起下了楼。

到了楼下，看见一处书堆倒了，图书散落一地，地上坐着一个披头散发的年轻女人。旁边一个男青年正在跟书店工作人员拉扯，边扯边骂，说书店保安打了自己怀孕两个月的老婆，把她踹流产了。刘宏伟心头一惊，但面儿上并未慌乱，他先表明了身份，并示意小王赶紧去把女顾客搀扶起来，但那女顾客捂着肚子说自己是孕妇，被打坏了，怎么也不肯起身。刘宏伟走上前去，柔声对她说：“您有孕在身，地上凉，这么坐着恐怕会伤了身体，胎儿为重，您先起来，咱们到我办公室去说。你放心，我是这里的负责人，不管什么情况，您对我讲，我会妥善处理，为您解决。”他并未强行拉起孕妇，而是弯下腰伸出双手，表情恳切。旁边的男青年看见书店领导来了，也不再跟其他员工纠缠，冲过来揪着刘宏伟的衣领就骂：“你们店大欺客，我媳妇好好地走路，被你们养的保安狗给打了，你们给我赔钱，我媳妇要是流产了，我要你们的命！”刘宏伟没有被他吓到，也没有奋力挣脱，他直视气急败坏的男人缓缓说道：“您看，我也是刚到现场，还不了解情况，不管是不是我们店的保安打人，您这样冲动也解决不了任何问题，让您妻子先起来吧，为了孩子，也不能一直坐在砖地上。我们店安装了无死角的高清监控探头，不管是谁行凶打人，绝逃不过摄像监控，我们解决不了，还有公安局能解决。”说完，他又示意小王把涉事员工先带到楼上去，同时叫保安科长去调取监控录像。地上的女顾客这时自己站了起来，拉着男青年说：“老公，要不算了，我觉得好多了，让他们赔点儿钱咱们走吧。”这一转变让所有人都没有想到，刘宏伟依旧不慌不忙，他颇有深意地看了一眼站在一旁的丁记者，对那个声称被打的女顾客说：“这怎么行，警察这就到了，我们把现场监控录像交给警方，然后马上在警方陪同下带您去医院检查身体，您放心，交由公安处理，不会放过一个坏人。”听他这么一说，那名刚才还气焰嚣张的男青年突然拉起女子就往人群外走，边走边恶狠狠地说：“不用了，我们还有急事，今天先算了，回头我媳妇要是有三长两短的我再来找你们算账！”

事情到这里，就算不请警察来调查，也已经水落石出了。刘宏伟每天面对书店里形形色色的顾客，处乱不惊已经成了他的习惯。用他的话说，气急冒火、上蹿下跳也解决不了任何问题，情绪平稳才能理清因果，再坏的情况，也坏不过负责人不明原委就先跟着着急瞎折腾。

这人世间看似难以应对的大麻烦，往往也不是铁板一块，静下心来分析，总能找到一个突破口，探寻到有可能改变不利局面的途径。刘宏伟所处的岗位比较特殊，这就要求他时刻保持冷静清醒的头脑，每天大大小小的冲突考验着他的心理素质，也锻炼了他的情商。

如果是偶尔才会遇到冲突和麻烦的人呢？

首先要坚定的一个信念就是切莫慌乱，让镇定自若成为一种惯性思维，开始时可能会比较难，因为遇事时条件反射，肾上腺素大量分泌会导致不由自主的情绪紧张状态，但有意识地进行调节后，生理上的应激反应可以得到控制，心理上也就能平复下来。我们的目标是缩短调适所需的时间，这个过渡期越短，人的应变能力越强，也就越能淡定处事。

有方法，不会卡

在遇到突发、棘手的问题时，你可以尝试如下方法保持镇定：

1. 有条件的话，找一张纸，在上面写三遍“不要慌张，冷静下来”；没有条件的话，攥紧拳头再放开，深吸气、深呼气，做三次缓慢的腹式呼吸，同时在心中默念“不要慌张，冷静下来”。

2. 减缓语速，如果不知道怎样才算有话好好说，至少做到**有话慢慢说**。

3. 用提问取代直接回答或直接指责，在提问的过程中引导对话的走向，避开针锋相对的矛头。

10. 内心强大，情绪即可收放自如

和平年代已没有烽火硝烟、金戈铁马的战争，谈判无疑是最能体现某个人在应对激烈利益和情绪冲突时是否足够强大的一件事了。在谈判桌上真正需要注意的，不是那些咄咄逼人、动辄拍桌子瞪眼的人，最可怕的敌人，往往没有过多话语、过多表情，哪怕你出言不逊，有意或无意地挑衅，他们都能平和、理智应对，绝不会把喜悦、愤怒、得意、失落等情绪随便写在脸上。这种自然带有压迫感的气场让所有参会的人都会不由自主地安静下来聆听他的发言，让他所说的每个字都更有分量。而当他们体现出某种明显情绪的时候，你就要提防他们是不是在用“攻心术”，或厉声指责，或谄媚讨好，或泪眼婆娑，那并不是他们发自肺腑的“真情流露”，而是要扰乱你的心绪，让你跟着激动慌乱，不能冷静思考，甚至做出触及底线的让步。

高媛是个身形瘦小的女孩，说话声音不大，声线柔和，外表给人一种小家碧玉、温良谦和的感觉，其实却是一个名副其实的谈判高手。她供职的公司主营业务是舞台设施、布景安装与调试，一般都是先为委托方提供工程服务，等舞台投入使用，活动圆满结束了，施工和服务费用才能全部回收。这其中必然有一部分项目因为这样那样的原因，发生这样那样的问题，结果不是那么圆满，工程款不能及时、全额回收的情况很多见。高媛负责的部门是个有6名干将的小团队，他们就是专门负责与客户接洽，回收这种不良项目款项的。如果说业务部、工程部的同事是把口粮找到、做熟，那么她带领的小小结算组就承担着保证每个伙伴“吃到饭”的重任。不管

是什么“山珍海味”，烹饪过程多么复杂辛苦，吃不到嘴里，还是等于没有。与高媛熟识的朋友都知道，她不是一个典型的女强人，她自己也常说，自己唯一的优点就是淡定。但实际上，她并非内心麻木，作为女人，她也有丰富的情绪，内心也容易有喜怒哀乐的波动。但面对工作，她知道首要目标是什么，知道自己肩上担负着他人的生计，再充沛的情感，再翻江倒海的心绪，也不会乱用。

有一次与一家无正当理由拖欠工程款的“老赖”交涉，对方派出了一位流里流气的副总，从会谈一开始，他就揪住高媛的性别不放，讽刺高媛的公司“难怪工程做得烂，原来是已经派不出能用的男人了，整个娘们儿来出头”，还时不时开一些下流的玩笑，就是不谈结款的正题。面对这样尴尬的境况，同行的两位男助手都暗自替高媛捏把汗，虽然来之前就知道这家公司不好对付，却没想到他们会用这种不入流的手段逃避付款义务。高媛却并没有丝毫失态，挑衅羞辱的话一概不理，对方扔出黄段子，她也不生气，还夸对方的副总年轻有为、风趣幽默。就这样你来我往地扯扯闲话，谈谈工程，一个小时过去了，对方渐渐收起了剑拔弩张的攻势，尤其是那个一开始逼得很紧的副总，在高媛几番奉承下，他早已飘飘然找不着北了。在高媛见缝插针的提问中，他不但承认了工程实际上没问题，活动也办完了，就是公司最近摊上了官司，老板的“小三”开车把人撞了，钱都被挪去救火了，所以拖着高媛他们公司的工程款不愿意给。他还轻浮地说：“想要钱也好办，我们公司不是真没钱，但要看花在谁身上，你看我们大哥那个‘干闺女’多懂事儿啊，几百万砸在她身上我们都不心疼，高小姐不是傻子，你们公司这区区几十万，不过就是一句话的事，好解决，就看高小姐赏不赏脸啦。”高媛淡淡一笑，婉拒了这位副总的“邀请”，宣布结束谈判，带着助手离开了那个令她作呕的会议室。返回公司的车上，两个助手试探地问高媛该怎么办，高媛突然掏出一个看上去很精致的小盒子，按下上面一个方形凸起，刚才会议上的对话十分清晰地响起来：“对对，工程质量确实没问题，拿出验收单来我们也没什么好说的，但是你别跟我讲合同讲法律，钱在我们手里，我们说不给，你不能抢不能偷，有本事你去法院告啊。”

谈判结束当天，高媛跟几个至交好友出去唱歌喝酒，在KTV包房吼了几个小时，把心里的憋屈、愤怒都吼了出去，按她的话说，遇到如此无赖，不生气的是木头，但如果因为生气就把正事办砸了，还不如木头。这件事的结果当然是那个气焰嚣张的“老赖”公司乖乖支付了全部工程款，高媛的“辉煌战绩”上又多了传奇一笔。

受许多影视作品的影响，常人印象里能左右谈判局势的“大人物”往往是个中老年男性，穿着笔挺昂贵的西装，戴着金丝边眼镜，一脸风云莫测。而现实生活中的谈判高手却往往是一些乍看上去普普通通的人，走在路上回头率基本是零，进了会议室也不会被当成主要攻关目标，真正把他们与其他人区分开来的，不是强势的外表，而是强大的内心。

韩非子在《说难》中讲，龙的脖子上有两块逆鳞，谁触动了它，龙就会大发雷霆。“逆鳞”这个东西，我们每个人都有，被触动到心中的厌恶、恐惧、缺憾、隐私，人就容易情绪失控，交往中因为对方说话不好听，交谈话不投机，不欢而散的现象很多，所以有句俗语告诫人们“当着矬人别说短话”，意思就是要尽量减少容易激起对方敌意的言行，避免触及“逆鳞”。但我们当中的很多人，却比“真龙”的脾气还要大，“逆鳞”不只两三块，大有浑身是刺的势头，人家不小心说错点儿什么都能立刻剑拔弩张起来，完全忘了一开始交流的初衷。其实，越是内心软弱的人，越是敏感，情绪越容易被外界的刺激左右，真正强大的人反而不容易情绪激动。

有方法，不会卡

为了抚平“逆鳞”，同时也减少控制情绪的障碍，你应该记得：

1. 先摆正自己的位置，知道自己和对方的关系远近，知道对方是否有义务恭维或附和自己，要知道绝大多数时候，他们没有。

2. 认清交流的目的，学会保持礼貌性质的微笑，**任何不利于达成目的的小脾气、小别扭都不要出现，那只能证明你幼稚**。

3. 负面情绪被激起时别急着动怒，要区分场合，不要当场宣泄，免得追悔莫及。

◎ 本章小结 ◎

我们身边的每个人都是一个情绪能量的源头，如果把情绪能量想象成五颜六色的光晕，那么拥有良好心情、积极情绪的人会发出温暖柔和的暖色光，而愤怒焦躁、负面情绪累积的人则会被一团黑雾笼罩。不管是温暖明亮的嫩绿、橙黄，还是浓稠的漆黑，都不会老老实实地局限在某一个人身上，当人与人交往时，不管是正能量还是负能量，都会随着语言、行为传导到他人的能量场，好情绪能让周围的人跟着开心幸福，坏情绪传染给别人，让人家跟着都闷不爽。

第四章

Chapter

做有热度的人

——正能量的选择与积累

非常著名的“吸引力定律”，又称“万有引力定律”，描述了一种我们看不见的力量在引导着整个宇宙中数以亿计的星球相安无事地停留在各自的轨道上，安分地规律运行。正是因为有了它，我们生活的这颗小小蓝色星球才能够在46亿年的时间里保持着规律运转的状态。实际上，这个伟大的定律不仅操纵着宏大的时间与空间，它同样引导着我们每天细微琐碎的生活。

1. 做一个内心自由的人

“生命诚可贵，爱情价更高，若为自由故，两者皆可抛。”这是二百年前，匈牙利爱国诗人、革命英雄裴多菲为呼唤民族和民主的自由写下的不朽诗篇。生于乱世的人为了反抗奴役、追求自由不惜献出宝贵的生命，活在太平年代的人们则用不断的创新拓展人类繁衍生息的疆界。人的肉体是那么脆弱，造物主赋予人类身体的机能跟其他一些动物比起来简直就是“弱爆”了，不得不承认，肉体的自由始终十分有限。但人类又是当之无愧的万物之灵，没有翅膀也没有獠牙，却统治着整个地球。人类的强大，强大在内心，人类的自由，归根结底要向内心去找寻。

冬子19岁那年生了一场大病，因为急性脊髓炎连续高烧半个多月，最后炎症抑制住了，烧也退了，好好的一个阳光男孩却落下了双腿瘫痪的残疾，生活无法自理，想出趟门就要坐在轮椅上。医生告诉冬子和他的家人，冬子的腿不是没有好转的可能，但是究竟要经过多久的治疗，能恢复到什么程度，谁也给不了确定的答案。

一年的复健治疗做下来，冬子的双腿终于有了一些知觉，但距离全家人期望的康复距离还很遥远，轮椅和各种预防皮肤、神经感染的药物依旧是他生活中必不可少的“伴侣”。走不了路的冬子只好再申请休学一年，与昔日同学伙伴也慢慢疏远了，就算隔月还会有同学朋友前来慰问，毕竟也不能整天陪着他，冬子的生活被局限在了很小的空间里，这让他感觉自己就像笼子里的鸟、鱼缸里的鱼，明明是青春年少大好的年纪，却失去了自由，被残酷的命运禁锢在了小小一方轮椅里。就在冬子的情绪越来越低落，心中希望的火苗就要熄灭的时候，在复健中心认识的一位新朋友走进了他的生活，也点燃了他心中对自由的向往。

潇然对于冬子来说就是一个天使，这个因意外事故失去光明的姑娘并不需再要做额外的治疗或康复训练，她来到康复中心，是以义工身份前来提供帮助。开始时冬子觉得很惊讶，一个瞎姑娘，照顾自己还成问题，怎么还跑出来帮别人，她能为别人做啥呢？当潇然第一次在冬子面前弹起钢琴，贝多芬的名曲《月光》在她修长的手指下倾泻而出，冬子惊呆了。之前他没有听过什么演奏会，在他印象里，以前自己中学的音乐老师弹琴都没有这么棒。一曲终了，冬子却还沉浸在那美妙的旋律中，直到潇然在护工的帮助下走到冬子身前，拍拍他瘦削的膝头说："怎么样，姐弹琴牛不牛？""牛！真牛！"冬子由衷地赞叹。"那好，姐可是传说中的钢琴大师，这曲子要去音乐厅，买票就得好几百，你小子可不能白听哟。"潇然顽皮地笑着，故意作土匪口气对冬子说，"这世上没有什么美好的东西能平白无故获得，咱们来做个交易，以后我弹琴给你听，你来读书给我听，好不好？"冬子使劲点头，突然想到面前的女孩根本看不见，赶忙说："好！你要听什么书，我给你念！"潇然站起身来，转向窗子的方向，仿佛在极目远眺："我给你准备，你照着念就行啦。"

从第二天起，冬子就当起了潇然的"读书郎"，开始时只是潇然一个人听他念书，后来潇然又带来了其他眼盲的孩子，再后来康复中心的其他小朋友也加入进来。他们有时候在康复中心活动室里念儒勒·凡尔纳的科学幻想小说，有时在花园里念白话版的《资治通鉴》或《史记》，有时晚间相聚，还会讲些鬼怪故事，孩子们互相依偎着，一边害怕一边又想听。冬子的声音非常动听，念起书来声情并茂，有时还会加上一些发挥和创新，深得"听众朋友"们的喜爱，人气飙升，在社区里也渐渐有了名气。在书籍的海洋中，冬子再也不会感觉自己受到禁锢，他的身体虽未动，一颗自由奔腾的心却早已随着书中情节远行，看见日出沧海，看见星耀苍穹，为书中人物真挚的情感欢笑落泪，也从书中了解世界各地的风土人情。

在与潇然的"交易"开始两年后，冬子终于告别了轮椅，能拄着双拐慢慢行走，他与当地残联合作，录制了自己的读书光盘，在电台里有了一档名叫“冬子故事会”的心灵励志节目。现在的他不仅读别人的名著，自己也开始笔耕创作，将本科专业修完后，他一边继续攻读研究生课程，一边与他的天使潇然展开幸福的婚姻生活。

正在阅读这本书的各位都是非常幸运的人，你们有明亮的双眸，有追求内心更高境界的愿望，也有能力捧起镌刻着他人思维火花的书本，徜徉在思想的海洋。我们生活在一个迄今为止最好的时代，经济和科技的迅猛发展帮助每一个人生出羽翼，只要敞开心扉，就能拥抱整个世界乃至广袤无垠的宇宙；我们也生活在一个无比险恶的年代，无形的脚镣将我们困在不可名状的牢笼，有些人成了欲望的奴隶、情绪的奴隶，因为求之不得而终日痛苦，哪怕四肢健全，心智毫无残缺，却总活在一个狭窄的套子里，每天围绕着车子、房子、票子打转，觉得空虚郁闷，又不知道怎么才能把心灵填满。

不要失去对这个世界的好奇心，不管多忙、多累，也要坚持去阅读、去旅行，做一个内心自由的人。最重要的是知道自己在做什么、为什么而做，与其因为不能拥有的东西生气悲叹，不如珍视自己拥有的一切，乐观积极地争取想要的未来。

有方法，不会卡

从今天起，追求内心的自由，你可以试着：

1.到一家规模较大的书店去看书，只看那些能吸引自己眼球的，不管它们是不是“有用”的。

2.找一件让自己郁闷、愤怒的事，写出这件事带给自己的好处、收获；找出一个自己不喜欢的人，写出TA的三个优点。

3.给自己写一封信，聊聊那些深藏在心底的秘密，不管它们是否能被其他人理解或承认。

2. 快乐应成为生活态度

“快乐应该是一以贯之的生活态度，而不是因受到外界良性刺激产生的短暂体验。”告诉我这个道理的是年轻时获赠的一本厚厚的美国励志心理学译著。书读完了，内容勉强记得，却始终觉得践行起来难度比较大——那时候每天面临课业和生活的压力，后来工作了压力有增无减，尽量去放松，尽量去乐观生活，却总事与愿违，遇到坏事必然糟心，遇到好事也不敢开怀欢乐，念着“祸兮福所倚，福兮祸所伏”这句至理名言，丝毫不敢掉以轻心。真正帮我把它消化进脑海深处，融入自己灵魂的，是大学时代的一位同窗好友。她是个天资平平、成绩平平、没有野心、没有什么脾气的“傻妞”，在我们这班同学中却是人缘最好、心态最好，唯一一个宣称对自己家庭、工作、伴侣、孩子、生活品质百分之百满意的“福娃”。

那是大家毕业3年后的一个盛夏，我们几个关系亲密的姐妹约好一起去“傻妞”家度周末，为了这个难得的“姐妹趴”，傻妞还把她老公撵到了郊区的度假房，免得他在家晃来晃去女人们不能玩得尽兴。

周六一整天，我们几个客人都在“吐槽”各自工作生活中的遭遇，“傻妞”则一边忙前忙后，一边嘿嘿呵呵地跟着笑。问她有啥不吐不快的糟心事没有，她想都没想就说：“没有呀，吃穿都不愁，工作挺好的，也顺利嫁出去了，我还能有啥不开心的嘛。”大家不由得羡慕起她顺风顺水的好生活，羡慕她找了个经济实力雄厚又会照顾人的好男人。

夜幕渐渐落下，就在我们把小吃摊开、饮料斟满，准备开始激动人心的“女生之夜”时，突然出现情况了。“傻妞”发现自家卫生间的房顶正在向下渗水，黄色的锈水滴答滴答地掉在地上，一会儿积成了挺大一滩。这可吓坏了我们几个，首先想到的就是楼上邻居卫生间跑水了，拿盆的拿盆，咒骂的咒骂，还有人要打电话报警。“傻妞”却并没有慌张，她先把电视打开，电影放上，让姐妹们少安毋躁，然后给物业客服打了个电话，详细描述了自家漏水情况。不一会儿，维修师傅就赶了过来，经过初步检查，怀疑是楼上住户马桶的排污管道漏了，滴下来的那些水可能是人家马桶里的脏水。听见这个坏消息，姐妹们顿时炸了锅，这可是新装修的婚房啊！马桶排污管道漏水，说好听了渗漏的叫“污水”，说难听了，那不就是……想到这里，我心里也不由得急躁起来，看向正在跟师傅交谈的“傻妞”，却意外地发现这个女主人并没有大发雷霆或气急败坏，只是就事论事地讨论如何维修并谢谢师傅大晚上的还跑一趟。安抚了大家的情绪，我陪着“傻妞”一起在物业人员带领下上楼找漏水那家住户询问情况，我握紧了拳头，想象着可能出现的指责、扯皮等难堪境况。结果敲了几分钟也没敲开楼上那家的门，估计是没人在家。家里没人，工人师傅也不能进去检修，楼下“傻妞”家就得继续漏着，送走了物业人员，姐妹们开始七嘴八舌地骂楼上那家无良的住户，又勾起关于自己家奇葩邻居的气人行径，越说越生气。而“傻妞”却像个没事人一样，听着大家的“吐槽”跟着笑，还找出纸笔给楼上邻居写起留言条来，她一笔一画地写道：“亲爱的1601邻居，您好，您家卫生间排污管道貌似漏了，管子周围的水泥块正在向外渗水，污水从我家卫生间顶上滴下来，物业工人师傅已经检查过，由于您家没人，无法立即维修，请您见此留言速与物业或楼下1501小徐联系。”落款是“顶着盆盆等待解救的小徐姑娘”，后面还画了个俏皮的笑脸。我跟着“傻妞”又爬上楼去贴留言条，我问她，你家卫生间装得那么好，污水这么一漏多恶心，你还傻乐，不着急啊。认认真真扯着胶带贴留言条的“小徐姑娘”回答：“生什么气嘛，管子坏了又不是谁的错，回头修上就是了，现在接个盆在地上不碍着使，难道你怕被大粪浇头啊？哈哈哈，没那么严重啦，要是真被浇了，那人生可真算完整了，老了还可以讲给儿孙听，你以为人人都能遇到这种事呢。”

整整一个周末，傻妞都没有被卫生间漏脏水事件影响，跟姐妹们欢乐玩闹之余，她只是笑嘻嘻地接了几个电话，解决这件被我们看来天大的“灾难”。对迟来的楼上邻居，没有责怪也没有发脾气，反而开着玩笑安慰对方，天太热不要着急上火。物业负责人见她这样都连连赞叹“素质太高了”，特别指示工程部紧急加派人手协助维修。

不知道有多少人遭遇过卫生间、厨房管道漏水这种家庭“小灾难”，那真的是麻烦，问题的源头出在自家时挑战人的耐性，出在邻居家时则更考验着人的涵养。不管怎样，大多数人的行为反应都是伴随着心理焦虑的，焦虑的程度不同，宣泄的方式不同，就会出现各种各样的应对方式，急躁、烦闷、愤怒都是常见的情绪反应。

但确实也有一部分人不会因为遇到一般意义上的倒霉事而情绪低落，同样的麻烦，同样不得不面对并解决，他们能始终保持着正面的、积极的情绪，甚至从中发掘出笑点、萌点，制造出更多欢乐。那些“开心果”都有一个相同的特点，就是把生命理解为千载难逢的单程旅途，把快乐作为经营生活的态度，面对足以形成负面刺激源的事件、人物，他们不会想到抵触，而是作为一种“体验”去接纳和享受，自然就不会轻易对外界失望和发怒。

有方法，不会卡

要培养快乐的生活态度，首先你必须认识到：

1. 晴天可喜，阴天一样值得珍惜，因为同样的一天，短暂的生命别无二致地在流逝，别给自己设定一些不爽的前提条件。

2. 消费十万元吃一餐和十元钱吃一餐，最大的区别不在食材菜式，而是在于你用什么样的心态进餐，心先满足，口腹才会满足，吃饱了就笑笑吧。

3. 没有踩过狗屎的人、没有被大雨浇透的人、没有坐错公车迷路在城市里的人，他会比经历过这些的人少些别样的色彩。感激苦难，它丰富了生命的体验，经历了，就赚到了。

3. 坚持你的信念

很多时候我们从生活中遭受的打击都来自事与愿违的失落，越是有想法，付出了心血的时候，越容易被出其不意的打击影响心情。心存高远追求、意志却不够坚定的人，往往就会被挫折击倒，甚至会因为奋斗路上“天公不作美”、“郁郁不得志”而一蹶不振，放弃理想。

追求正能量的人就像向日葵，而拥有正能量的人本身就是一颗小太阳，正是内心坚定的信念在提供源源不断的动力，让他们在任何环境下都能发散光热，保持自己的内心不消极，同时滋养那些靠近他们的人，用自身的成就激励他人。比起最终的成功，沿途握紧双拳的坚持更是他们人生的宝藏。

4年前，芳芳从名牌大学毕业后就像其他同学一样，投入浩浩荡荡的找工作大军。但她又跟同学有点不一样，其一，她找工作的目标不是待遇最稳定的公务员“金饭碗”，不是收入最多的银行、外企，选工作的标准也不是离家近、压力小、不加班、待遇好，她打定了主意要在专业对口领域中找家私人小公司，从最基层、最难做的岗位做起，然后再逐步换到中型、大型企业，最终掌握自己即将投身的行业全貌，成为一个真正资深的全能专业人才。其二，她想成为一个能带给他人幸福的人，想让自己的职场生涯充满正能量。

她终于选定了一家看似不错的小型广告公司，刚刚入职问题就来了，专业之路并不像最初设计的那么顺利，公司的出纳突然离职跳槽了，老板就要求作为新人的她放弃原定业务岗位，先做一段出纳工作救急。面对其他同事看笑话一样的眼神，芳芳第一次犹豫了，但一番深思熟虑之后，她还是答应了这个要求，相信不管做什么岗位都是可以见习前辈工作、磨炼本事的。

欣然接手出纳财务方面事务一个月后，芳芳已经能够熟练处理日常工作，她的认真、勤奋和敬业态度也得到了公司上下一致赞扬。这时第二个困难出现了，公司的“二老板”是个堪称奇葩的男人，年近40岁才在这个小公司混到管理层，最大的爱好就是折磨下属，为了树立自己的权威，还时常挑拨职员之间的关系，刚到公司就深得大家认可的芳芳自然难以逃脱他的各种无理刁难。涉世未深的芳芳起初有些不知所措，她向家人朋友求助，得到的基本都是赶紧辞职跳槽的建议。她在网络上搜索职场新人生存法则，发现很多新近参加工作的毕业生都在讨论职场中如何“做人”，也有教新人怎么对付陷阱和欺侮的，有就事论事的善诱，也有让人心惊的挑唆。她从中找到了支撑自己信念的文章，决定还是摒弃杂念、调整情绪，把心思放在如何做好本职工作上。没过多久，“二老板”发现他的刁难总是被芳芳绵里藏针地反击回来，受伤的反倒是自己，也就不再为难她了。

后来芳芳又遇到了这样那样的难题，也渐渐摸清了自己想走的路，一种思路是周围的一切人和事必须让“我”生活得更好、更幸福；另一种则是，由于“我”的存在，周围的一切变得更好、更幸福。最美妙的状态固然是双赢，两条路径合一，但实际上，哪儿来那么多天下大同的便利呢？谁选了前者，就不能去埋怨斗争路上多阴险，自己本就是挖空了心思去利用别人的，顶着卑鄙小人的帽子去奋斗便是。而她选了后者，但求心安，就不会看着他人的财富地位眼热，更不能摇摆不定。对她来说，职场不是地狱，它只是一个聚集起微小的力量、零散的资源，做点事情、取点回报的平台，之所以出来工作，是为了通过工作赚钱，花钱享受生活，对自己和自己所爱的人有所帮助，同时也展示了自己价值。

如今，芳芳已经是一家国内十分有名的广告公司的中层骨干，她专业能力过硬，又熟知公司管理的知识，为人善良、豁达，闪光的未来正在她面前缓缓展开，在她背后，是温馨幸福的家庭生活。

年幼时总会听大人们说“这样是对的”、“那样是错的”，长大后发现，这世界上的事，没有绝对的是非对错，关键是他选择什么，坚持什么。有的人坚持追求理想、日行一善，必然有他的因缘；有的人随波逐流，庸庸碌碌地坑蒙拐骗讨生活，也必有他的理由。生活对每个人都抛出了一个只能自己解答的问题——你是谁，你是什么？

做自己希望做的事，成为自己希望成为的人，保持心灵的美好，坚守善良的底线，你追求什么，才能得到什么。当信念根植在灵魂深处，就不会因为外界一点刺激、一点挑唆而失去人生路上的重心，当压力和挫折袭来，当满腔热血遭遇失败，信念的光会指引我们找到前行的方向。有信念的人自信、平和、不轻易慌乱迷茫，心态积极，工作和家庭生活都会更加自由多彩。

有方法，不会卡

成为一个坚守积极信念的“达人”，你可以先从心理建设做起：

1.看见社会的阴暗面时，决不出声附和，不对自己强化那些“假丑恶是主流”的言论，暂不论人性本善还是本恶，起码可以在此刻选择站在善的那边。

2.**先做好人，后做好事**，己所不欲勿施于人，就像你不喜欢“小人”一样，别人也不喜欢，勤奋努力、诚信可靠的人更容易获得他人的青睐，更易成功。

3.**向着自己想去的地方走，最差是倒在半路，但每走一步都是成就**。幻想了无数个终点却不贯彻始终，只是随波逐流的游荡，哪里会有独属于你的风景？

4. 相信希望总在前方等你

电影《肖申克的救赎》被称为奥斯卡史上影响最深远的影片之一，它所揭示的希望、自由，还有真挚的友谊，都是人性中最美丽的光辉。故事的主人公安迪蒙受不白之冤被判入狱，社会放弃了他，正义遗弃了他。在那段最黑暗、最压抑的岁月里，他却始终没有放弃自己，求知、助人，在他身上，希望就像一双隐形的翅膀从未被任何人夺去，最终凭借着一把被戏称“用几百年也挖不出什么东西”的小锤子，只用了不到20年的时间就挖通了一条通向自由的生路，完成了对自我的“救赎”。

我们现在拥有的生活，绝不会比影片中安迪所遭遇的牢狱人生更艰难，但失望甚至绝望却常凭空出现。有些人咒骂社会，幻想获得成功，却又不相信通过努力真的能实现梦想。其实并不是因为希望摆在那里才需要坚持，而是只有坚持了，才能看到希望。

大伟今年32岁，在出国签证代理行业已经干了七年多，业务熟练，技术精湛，深得客户信赖和好评，他所在的公司已经不能给他提供更多的上升空间和发展机会，到了第八个年头，大伟终于下定决心自立门户，出来单干。

就在大伟纠结着要不要创业单干时，跟他同组工作的3名同事起到了很关键的作用。这3个人跟大伟关系处得很好，工作时相互配合、帮助，工作之余也常聚在一起吃吃喝喝，谈人生、谈理想。他们得知大伟有意自己开公司做老板，纷纷表示要辞职跟着他干，4个人合伙，利用现有的业务知识和人脉资源，不愁干不出个名堂来。在兄弟们的支持和鼓动下，大伟对老板说明了自己想要辞职打拼一片新天地的想法，领导虽然有不满和不舍，但于情于理也不好强留他继续在自己手下“受剥削”，便批准了他的辞职申请。

办完全部离职和交接手续，大伟抱着个大大的纸箱子站在公司所在的写字楼大厦下，深深呼出一口气，仰望蓝天，一股壮志凌云的雄心傲气满溢于心，让他通体舒畅。可就在他打电话给那3人问他们什么时候着手筹办时，却只有一个人跟他一样递交了辞呈准备与他汇合，另外两人说暂时没法辞职，要等一两个月再说。

大伟跟那个先辞职的兄弟开始了艰难的起步，没有足够的启动资金，没有原公司那些光耀的专业资质，也没有体面的办公场所，注册、开户、办照、买税控设备，千头万绪，样样都比想象的难。两个人一边合计一边等着还没辞职的两人，常常从早晨开始就在麦当劳、肯德基碰头开会，叼着薯条一泡就是一整天。日子一天一天过去，大伟心里也从开始的火热激情慢慢变成焦躁烦闷，他从没想过自己开公司有这么难，平时光看见老板赚钱赚得盆满钵满，却不知道背后这么艰辛。

1个月后，大伟觉得自己的精神快崩溃了，他开始后悔自己草率离开公司，没了稳定的收入和福利待遇，日子开始变得难熬。他甚至怀疑那两个没有一起辞职的人是不是在骗他，在这种强烈的负面情绪包围下，他几乎就要放弃梦想。但那个一直跟着他的小兄弟还是大哥长、大哥短地喊他，每次看见兄弟信赖的眼神，他退缩认输的话就怎么也说不出口，就这样，他扛过了离职后最艰难的那两个月。

两个月后，那两个约好要一起创业的兄弟真的辞职了，其中一个人带来了一处小小的市区平房，另一个则带来了自己做过会计的老婆，四个人在合伙协议上郑重签下了各自的名字。大伟想起曾经想放弃的那些日子，心里又是感慨又是后怕，如果那时候不坚定，岂不是不忠不义，坑了兄弟，也毁了自己的梦？创业的路上肯定还会有更多困难，但是大伟想好了，他再也不会被挫折击倒，因为只要坚持走下去，希望就会在前方等着。

希望不是白日做梦，只有不断努力着的人才有资格说自己怀揣希望，当所有人都对胜者艳羡不已时，谁又能体会他们一步一步爬上成功巅峰时的艰难与孤寂。普普通通的一个人，想被人看见，被人尊敬，想自己的话有人认真听，自己做的事对这个世界有意义，就要承受破茧而出、羽化成蝶的阵痛，路途布满荆棘，唯有时刻把对成功的渴望种在心里，不退缩也不放弃。

有方法，不会卡

希望是实实在在的东西，你可以真切地感受拥有它的快乐：

1.**找一张纸，写下你对自己当前状态最不满的3点**，可以是针对自身，可以是针对物质条件，也可以是关照内心的感觉。

2.狠狠地、彻底地将它们划掉吧，别怕力透纸背，你需要知道自己是多么不喜欢它们，多想要它们淡出你的世界。

3.要改变其中最简单的一点，你需要做什么？可以做什么？对着镜子告诉自己，直到听见自己清晰、坚定的声音，你需要的就是坚持自己的决定，坚持做出改变，每坚持一天，希望就多一点。

5. 你热情，世界报你热情

生活就像一面镜子，向内反射你的心境，向外照着周遭的人们，当你期待一个温暖和谐的世界时，首先要保证自己内心的温暖和谐；当你期待他人善意的微笑，首先要让内心的善良和笑意充满自己的眼睛。还记得那个对着空谷叫骂的孩子吗？回声是听得到的镜像，你礼貌相待，它便同样礼貌地问候致意；你恶语相向，它也会用最尖刻伤人的语言报复你。

赠人玫瑰，手有余香，不要吝啬你的笑容，让内心满满的正能量向外传递，随时以热情、积极的态度对待他人。因为你热情，世界才会报你热情，你给他人带来幸福快乐，他人才有可能用善意的支持和无私的帮助来回应你。

初夏时节，王倩换了份新工作，为了上下班方便，她搬进了距公司不远处一个豪华的国际公寓。这个住处租金高，但环境很好，不像她原来租住的旧小区，楼下过道旁边都是居民们私搭乱建的违章建筑，地砖都碎了，路面也不平，七扭八歪地停几辆汽车，小区院子就满了。这个国际公寓楼下的院子虽然不大，但种了不少大树，有草坪花园、喷泉水池、亭台楼阁，透着股奢侈华贵的劲儿，让王倩十分喜欢。唯一美中不足的，就是这个高档小区的住户关系不像原来那个小区那么融洽，好像互相之间一点儿也不热情，不知是不是王倩的错觉，感觉住户都挺冷淡的，不爱理人。在这里住了一个多月了，她跟邻居几次碰面，却连个正式的招呼也没打过。

时间就这样一天天过去，王倩逐渐融入了新公司，也习惯了自己的新家，就是跟邻里之间的关系还是冷冷淡淡的，让她心里不太舒服。又是一次早晨赶巧了跟邻居老夫妇一起出门，王倩莫名地有点紧张，那老爷子看上去面目慈善的，有些像之前那个小区的陈大爷。要说陈大爷可是远近有名的热心肠，冬天包了大白菜饺子还会敲开她和舍友的家门给送上一碗来。但是这位“某大爷”不仅不理人，连看都不看她一眼，闷头锁了门就走了，等电梯时又碰了面，还是各自低头，王倩觉得尴尬，只得拿起手机胡乱浏览着微博。

到了公司，王倩对同事张姐“吐槽”早晨的尴尬遭遇，她有些自嘲又有些讽刺地说：“那个小区的房价有多贵咱又不是不知道，买得起住得起的都是有钱人，有钱人才不屑跟我这样的小租户打招呼呢，要说这小区房子是好，就是没有心，人跟人之间那么冷漠，哎哟，住的我都压抑死了，那帮邻居真是不好相处。”张姐听她这么说，笑着给她出主意：“你要不试试主动跟邻居打个招呼？咱们倩倩气质冷艳高贵的，人家没准只是不好意思先跟你说话呢。”王倩嘴上说张姐你净拿我开玩笑，心里却有了想法，她倒回忆起来自己确实没主动对新邻居们示好过。与其每天感觉尴尬、心情压抑，不如试试“主动出击”，也许一切就会有改观呢？

第二天一大早，王倩屏住气盯着自家门上“猫眼”，看见邻居开了门，赶紧也开门出去，装作偶然遇到，但这次她没有低头摆弄手机，也没有匆匆避开视线，而是咧开嘴笑着对邻居老夫妇说了声：“大爷大妈您二位早！我是新搬来的，我叫王倩！”让她意想不到事情就这样顺理成章地发生了——邻居也十分友善地对她笑，从门口到电梯里一路闲聊，还邀请她没事到家里来坐坐。王倩像中了大奖一样欢欣鼓舞，下了电梯与两位老人分开，她眉开眼笑地往公司走，一路上看见小区里的邻居、保安、保洁工，都大大方方地问一句“您早”。大家也都报以微笑，一个坐在儿童车里的小朋友还朝着她拍手、咯咯地笑，这让王倩开心极了，整个人也都精神了许多倍。到了公司，她忙不迭地对张姐描述了早晨的经历，张姐说：“你看，之前都是你自己瞎想了吧？人跟人的关系就像一面镜子，又像山谷回声，你以无声回避对待他人，他人便还给你冷漠寂静，你以热情对待世界，世界会还给你更多热情。不仅是对新小区的邻居们，以后你对别人也试试，这个复制快乐的秘籍可灵了。”

可能是中华传统文化中内敛、羞涩的部分在作怪，主动对陌生人微笑的小举动在我们看来很难很难，像王倩这样苦于人际关系冷漠又踌躇着不敢先表达友善的人，可能在心里百转千回地琢磨着——突然向人家示好，会不会太唐突了？会不会被当成“神经病”？会不会被理解为有什么不良企图？会不会遭遇冷眼……如此纠结，可能幻想过很多次先开口问声好，最后还是默默低着头擦身而过。久而久之，也就习惯了对周遭的人视而不见，陌生的人依旧是陌生的。

永远不要把别人的冷漠当成自己缄默的理由，少想那些“别人可能会觉得我……”之类的事情，我们的目标是让自己成为更好更幸福的人，哪怕再三被他人的冷漠刺痛，只要坚持微笑，总能收获温暖的回应。善意相通时，整个人都像被微风拂过，那种美好的体验会让你感觉一切努力和坚持都是值得的。永远记得，对人热情不仅是单向付出，同时也是建筑属于你自己人际关系网的最有效黏结剂。

有方法，不会卡

勇敢踏出友善热情的第一步，你要知道：

1. 对别人好，不丢人，越是强大的人，越不怕主宰自己与他人的关系。

2. 如果想到被拒绝会很害羞，那就先对处在困境中的人施以援手，只有那样做了之后，你才能明白他们有多需要你的帮助，从中获得的满足感会激励你更进一步。

3. 相遇时，对还不是很熟络的邻居、同事、快递小哥、保洁人员、餐厅服务员、停车场收费员……点头微笑，赞美那些为你服务的人，哪怕只是一句“多亏有您，太谢谢您了”。

6. 心智成熟了，情绪才能积极

衡量和评判人类心智是否成熟的标志有很多，最主要的几大类可以归纳为能够正确认识自我、客观地认识他人和社会、明确自己的人生目标并追求对自我的实现。

美国临床心理学家辛德勒在其著述中提到，一个成熟的社会人，应该有很强的责任心和自主性，有区分现实和幻想的能力，懂得付出才有收获，更懂得灵活变通，能坦然面对世事无常，不再像小孩子那样以自我的感受为中心，不再争强好胜。成熟的人渐渐学会与他人和谐共生，认识并接受社会伦理的约束，认识到敌意、愤怒、仇恨、残忍并非强悍的象征，温柔、善良的人才是真正的强者。

在不知道第几次因为莫须有的罪名被部门主管拉到全体同事面前一通臭骂之后，小玉终于意识到自己遭遇到传说中的“职场小人”了。那些用来栽赃陷害她的邮件和传真出自谁手，用脚趾头想想也知道，而一向明察秋毫的主管为什么数次不分青红皂白就相信那些片面之词，并在公开场合如此大张旗鼓地批评她，她也隐隐约约能猜到些端倪。

小玉所在的部门有两位领导，张总是实力派，靠过硬的业务能力上位，稳居分公司要职，手下也多是业务尖兵。李总则是关系派，他跟总公司某位大人物沾点姻亲，此外在社会上也有很深的人脉关系，这让对业务不怎么拿手的他也在分公司高层占有一席之地。在他的麾下，心机重、会做人的职员才能生存下来。而小玉之所以会卷入这两位领导的对立纷争，是因为她既有着很好的个人条件，业务实力过人，被张总钦点为重点培养对象，又有着在政府商务部门担任领导职务的叔父，被李总看做值得深度挖掘的潜在关系户。在体制陈旧的大公司里，若“站错队伍”会遭到狠狠修理，这个无奈的现实小玉不是不明白，但她的梦想是比分公司更高更远的地方，为了实现自己的宏大理想，她不愿把宝贵的时间和精力耗费在钻营人际关系和讨好某个领导上，每每被牵扯进纷争，她总是装傻充愣一笑带过，只对本职工作用心，不去多管其他是非。

两个月前，小玉梦寐以求的机会终于来了，公司总部5年一次的“未来人才选拔”如期拉开帷幕，张总和李总各自的队伍中都有数位崭露头角的新人摩拳擦掌准备参与竞争。小玉在全部参赛的新人中显得尤为出色，按照往届取前三成候选人的惯例，只要她平稳发挥，不论看业绩还是综合考评成绩都绝没有问题。但就在此关键时刻，同为候选人的同事中有人开始做“小动作”了，几个觉得她假清高的女同事更是联合起来排挤、陷害她，只要小玉忍受不住发作一次，她们就可以借题发挥，让沆瀣一气的主管领导给她一个严重警告处分，但几次明显地欺负过后，小玉依旧笑着上班笑着下班，就像丝毫不介意被骂、被刁难一样，她只是一个劲儿地改进、成长。

小玉自己心里比谁都清楚，现在的她，比读书时更坚强，更勇敢，更能忍耐。她看不起那些背地里害人和总想靠欺负他人显示自己能力和地位的人，对那些人的卑鄙行径感到不齿，但她已经不是在校读书的小女孩，对自己看不惯的人和事不再怒火攻心、正面冲突，在洁身自好的前提下，她能包容社会上某些人的假丑恶。这种成熟的心态让她不管身处多么糟糕的窘境，依旧可以不忘初心，不会误入歧途，时刻保持积极的心态，向着自己的梦想挺进。

“未来人才选拔”的结果发布了，小玉作为分公司总成绩第一名，即将离开这个拉帮结派、钩心斗角的泥潭，前往位于纽约的集团总部接受为期3年的高端领导者培训，人生的新境界正向她张开怀抱。

人的成熟应该是一个逐渐取舍的过程，知道对自己而言最重要的是什么，而后选择成为一个积极的、更好的人。小玉的故事听上去结局完美，容易让人忽视她在整个过程中经受的折磨和考验，一个年轻的女孩，面对不公正的责难时，就算沉沦在苦闷里也是可以理解的吧？这就又回到了最初的难题，我们要么褪层皮，成熟一些，走进“大人的世界”；要么就像生活在永无岛的彼得潘——拒绝长大，任由自己的情绪带动着意志和行为。

心智成熟了，情绪才能在意志的掌控下保持积极，面对生活中的不如意，快乐更是我们的不懈追求。我们要活得好，要实现自己的个人价值，就不能逃避成长，只有心智越来越成熟，才能控制自己的心，让自己的世界变得开阔，心情变得平静，充满喜悦。

有方法，不会卡

告别幼稚和任性，让自己成熟起来，你可以尝试这样做：

1.不要在工作场合哭泣、发脾气，愤怒、嫉妒、委屈、厌恶等情绪出现时，避开那些可能与你发生冲突的人，去洗手间用凉水拍拍额头是个不错的办法。

2.宽恕他人给你的伤害，不管他们是有心还是无意，用宝贵的精力思考如何实现人生目标，而不是与他人恶语相向，因为那是在浪费你自己的生命。

7. 让精神生活丰富起来

人生就是一个不断发现并学习的过程，发掘自己喜欢的事物，去接近它，了解关于它的一切，观察、学习、体验、享受，心灵慢慢地充实起来，物质生活的不足不会困扰到我们，因为精神世界的富裕由自己掌控。

在人与人的交往中，有些人是天生的“明星”，总是很受欢迎，朋友们围绕在他们周围，赞赏并模仿他们的言行，而有些人则像地上的石子那样黯淡无光，只能做他们的陪衬。其实那些受欢迎的人并不都“有钱”，因为那只是外在的物质条件，有，固然好，没有，也不会掩盖人心中散发的人格魅力。

佟灵和程燕是大学时的同班同学，毕业后又在同一家公司上班，还合租了同一套房子，平常吃、住、工作基本都在一块，没有血缘，却胜似一家的亲姐妹，关系十分要好。就是这样两个关系亲密的女孩，却有着截然不同的脾气秉性——佟灵性格外向，活泼好动，工作不惜力又勤学好问，兴趣爱好广泛，是公司里同事们公认的“开心果”；程燕则沉默内向，除了自己的本职工作，其他一概没有兴趣过问，闲暇时收拾收拾屋子，看看电视，可以说她生活中最大的娱乐项目就是看着佟灵这个“鬼精灵”每天风生水起地开心玩闹了。

单从外貌上看，程燕比佟灵要漂亮，个子高些，腰身瘦些，五官精致些，秀发黑亮些，皮肤也嫩白一些，但不知怎的，她的异性缘就是没有佟灵的好。那些年龄大的男士喜欢佟灵活泼可爱她能理解，可怎么年轻的小男生也成天围着佟灵姐长姐短的献殷勤呢，自己虽然不嫉妒好姐妹的桃花运，但都处在向往爱情的年纪，羡慕肯定是有的。没有遇到心仪的男孩，程燕心里这种淡淡的醋意并没有激起什么波澜，而就在公司来了一名新同事后，爱情的苦涩终于打破了程燕内心的一潭死水。

新来的董事长专车司机是个高大帅气的小伙子，身着熨烫整齐的西装，成天戴着副墨镜，表情酷酷的，由于工作需要，还总戴着一双白手套。听人事科的大姐说，这个司机原来是武警，程燕心想，怪不得他这么英气逼人，自己要能有这样一个男朋友，郎才女貌，该是多幸福。但就在她春心萌动打算表明心迹时，让她如坠冰窟的事发生了——她心仪的帅哥竟然先对好姐妹佟灵展开了火热地追求。眼看着佟灵就要夺走原本属于她的爱情，程燕明知这事不能怪她，却还是非常沮丧低落，她甚至很阴暗地想，佟灵比自己长得丑，帅哥真是瞎了眼了，怎么放着自己这么优秀的淑女不喜欢，偏去追那个野丫头。

这天，佟灵临时被领导叫去送资料，剩下程燕和帅哥在两姐妹的出租房里等她回来，程燕纠结了半天，决定对他挑明自己的心意。就在她要开口质问帅哥究竟看上了佟灵哪点的时候，帅哥一边摆弄着一把旧吉他，一边自顾自地开了口："燕子，这是灵灵的吉他吧？真厉害，她还养了这么多花草，会画水彩画，不光家常菜做得好吃，还会做西餐，会烤饼干，墙上这幅十字绣也是她做的吧？手真巧……前两天我和她聊天，听说她正在看阿加莎的侦探小说呢，这周末她要去小动物收容所义务劳动，我也想跟着一起去。哎，你说她那个小脑袋瓜里怎么能装下这么多东西，啥都会啥都懂，总有新花样，我就不行，脑子不够用，燕子你说灵灵会看上我吗？"他看着屋子里佟灵鼓捣的书本、玩具、照片和手工艺品，连连赞叹，根本没注意到程燕已经泛红的眼眶。

此时程燕好像突然明白了佟灵更受欢迎、会被帅哥和其他男孩喜欢的原因，她们两人虽然有着同样的每天24小时，但佟灵的生活像彩虹，自己的生活则像白开水。物质条件差不多的前提下，佟灵乐观积极，好奇心和求知欲旺盛，有着丰富的精神世界，她身上的新鲜感、正能量不断影响着周围的人，能带给他们更多快乐，而那些迷人特质，自己身上都没有。

一个女孩如果有沉鱼落雁的容貌，不管是恋爱、工作都会享有更多便利，这种天然的优势任谁也无法否认。但天生丽质如果没有丰富内在的衬托，很容易走向“绣花枕头”的极端，红颜易逝，而精神世界的美好则会随着岁月的流逝变得愈加光彩照人。

生命的宝贵，尤其体现在它的短暂，吃、喝、拉、撒、睡很轻易地占去了三分之二的时间，区区百年的逗留，说多了也只有四十年真正握在我们手中。可这世界那么宽广，几千年的文明和知识积淀，瑰丽的宝库摆在那里，越是去探求，越会感叹于世界的伟大和壮阔。我们赚钱，我们消费，赚到更多的钱，买到更多的商品，就觉得不虚此生，是“赚到了”，其实真正把生活过得丰富多彩才是赚到了。体验和创造的美妙，就像装点在王冠上的珠宝，让原本平凡渺小的我们熠熠生辉。

有方法，不会卡

检讨现在的生活状态，慢慢变成一个有趣的人，你可以：

1.**学一门手艺**，跟自己日常工作差距越远越好，不要一开始就说没兴趣，在学习新东西的过程中很容易转换看世界的视角，多尝试几次，大胆接触新的领域。

2.**学一门语言**，除了母语中文和普及型外语之外，从现在起开始学习一门小语种，浏览异国的网站，用不同的思维方式理解人类的文明。

3.养些植物，不十分排斥的话，可饲养些小动物，深入地了解它们，跟有相同爱好的人交流，加入他们的小圈子，交到新朋友。

8. 谁的人生没有下坡路？逆境中保持平和心态

把人生的境遇绘制成二维平面上的曲线图，我们会看到一条曲折的线，就像海浪那样，有波峰也有波谷。有些人的生活风云多变，人生曲线跌宕起伏，站在高峰时一览众山小，蹲在谷底时，切实感觉到哪怕一根小小的稻草都沉重似泰山压顶。

经历过大喜大悲、大起大落的人会告诉你，最难、最苦、最折磨人的不是身处谷底，而是发现自己在束手无策地走着下坡路，看不见谷底，不知道那种被命运作弄的坠落何时才会停下来。品尝过成功果实，被人们奉为胜者的人会告诉你，回望自己走向人生顶点的路途，最值得回味的不是最终登顶，而是厚积薄发，走完下坡路，在拐点奋力向上的爬升。

老话说“人要是倒霉，喝凉水都会塞牙，喘气都会咬到舌头”，对于这个说法，詹晓现在是无比认同。坐在自家酒楼门前的台阶上，看着马路上来来往往的车辆，有那么一瞬间他在想，如果自己就这样朝着车流冲过去，是不是就能一死百了，摆脱现在倒霉透顶的人生境遇？这个想法冒出来没有三秒钟，就被他跟烟头一并狠狠捻灭在了地面上，有一句老话说得好，“留得青山在，不怕没柴烧”，詹晓自嘲地笑笑，拎起手边的包，又走回了酒楼内。大厅里，二十多名厨师、杂工、服务员站着坐着窃窃私语，看着刚才垂头丧气走出去的老板又回来了，大家赶忙收了声，齐刷刷看向詹晓。

在员工们意味复杂的眼神中，詹晓清清嗓子，缓缓开了腔，他说：“各位员工，就像大家知道的那样，咱们这个店，或者说我，现在遭遇到了有史以来最严重的危机，一个月内发生两起意外伤害事故，给伤者支付完巨额赔偿金之后，咱们的正常运营都成了问题。还有呢，我家老爷子，已经确诊了骨癌晚期，可能理智的想想，再怎么救治也是徒劳，但那毕竟是生我养我的亲爹，明知是火坑，这钱我也不能不往里烧。最后一桩，咱们的老板娘跟别人跑了，这事虽然说出来丢人现眼，但不用我说，你们也都清楚，再藏着掖着没意思。”话说到这里，詹晓的情绪已经完全平复了，这个月以来连续遭受的重创曾一度让他崩溃绝望，就在刚才，他还想到了死，想用自杀逃避压力，他示意还站着的员工都坐下，然后继续说：“咱们这里的老员工在建店之初就跟着我，一晃也有快十年了，新来的也都超过一年了。现在把这家店连房子一起盘出去能解我的燃眉之急，但是我不舍得，也不愿意在人生逆境中一滑到底，失去重新振作的阵地。其实想想，现在都这样了，也没法更倒霉了嘛，只要打起精神，从谷底继续向前走，就都是上坡路了呗，我是这么想的，但是不敢给大家下这个包票。所以呢，大家可以自由选择，想离开的，我帮你们推荐新工作，多发一个月薪水，随时可以走，愿意留下的，啥也不说了，咱们一起拼一把，力求东风再起！我给你们鞠一躬，感谢大家一直以来的扶持和帮助，谢谢大家！”语毕，他深深鞠躬，眼睛盯着自己的脚尖，久久没有起身，他不知道自己抬起头的时候会有几个人还留在原地。就在这时，一个年轻的声音响起，“哥，您这是干啥，我跟着您，我们几个后厨的兄弟都跟着您，咱这店也是我的家，家里有难，只要您不撤，我们怎么会自己逃走！”他听出这是冷荤间厨师小张，紧接着其他人也七嘴八舌附和起来，有几个女服务员还哭了，边哭还不忘安慰她们倒霉的老板。

不知是詹晓的顽强感动了上天，还是众人齐心、其利断金，酒楼在之前一个月还处在史上最差的低谷，随后一个季度里就上演大逆转，实现了史无前例的大飞跃，詹晓的生意得救了。除此之外，他感觉自己的心灵经过此事，也得到了洗礼和救赎。

像詹晓一模一样的倒霉蛋不多，但和他有着同样困苦、窘迫遭遇的人并不少。有人把失去亲人、失去事业、失去钱财、失去健康都当成灭顶之灾，而有的人则相信，只要没有被夺去生命，活一天，就要积极一天，在活着的每一天不懈奋斗，就已经战胜了曾经的挫折，就已经踏上了走向顺境的拐点。

是啊，人生在世，有顺境，必然也有逆境，在遭遇不幸的时候如果不能稳住心神，冲动之下做出不理智的选择，哪怕能逃避一时，也逃不了一世。只有积极面对，努力争取，才能重新走上人生的上坡路。

有方法，不会卡

当你发现自己处在持续低迷的状态，可以试着：

1.停下来，用一个短暂的“中场休息”让自己喘口气，好好想想是哪里出了问题，从泥潭里爬出来的前提是察觉到什么是“泥潭”，选对方向永远比走得快更重要。

2.**对别人说出你感觉到的问题**，尽量多与人交流，局限在一人身上的大麻烦，丢到人群里可能只是沧海一粟，别小看群众的力量。

3.就算眼睛里已经涌出眼泪，也别忘了笑，**能感觉到很倒霉至少说明你还活着**，朝阳又一次在你的眼中升起来了，这比什么都值得欢欣鼓舞，学会感恩，给自己上升的能量。

9. 能包容的人拥有情绪正能量

“包容”这个词，总被误认为是在描述一种单向的善举，而实际上，当一个人做出对他人宽恕、谅解和接纳的行为，其中包含的正能量，绝不仅仅作用于被包容的一方，反而是能够放下心中芥蒂和挑剔，能够包容他人错误、伤害的一方受益更多。

上善若水，容纳万物也滋润心田，当一个人把周遭其他人的冒犯理解为无心之失时，对他而言，不管是难听的语言还是攻击性的行为，都不会带来任何伤害，所以他总是感觉很好，会把世界上细微的善意放大，充分汲取其中的正能量。而一个多疑、敏感、小肚鸡肠的人，不会放过一丝一毫恶意，把自己变成了一台收集负面情绪的“吸尘器”，折磨自己，也困扰他人。

依珊的丈夫钟旭是一家大型医药公司的大区主管，收入丰厚，也就是人们口中常说的“钻石王老五”，身边的朋友和亲戚们都羡慕依珊年纪轻轻就嫁给了这样一个事业成功的有钱男人，但也有人在背地里嚼舌根，说些很难听的话讽刺依珊是个贪财的女人，原因就在于钟旭并不是初婚，在迎娶依珊之前，他曾有过两段短暂的婚姻，第一任妻子还给他生了一个女儿。也就是说，比钟旭年轻9岁的依珊嫁给他后就成了一个7岁小女孩的“后妈”，加上钟家有超过千万家产，不由得让人怀疑她的动机。

依珊实际是怎么想的呢？她比任何人都清楚自己跟钟旭结婚后将要面临的难题，但她的心告诉她，两个人之间的感情不假，在一起的默契与幸福不假，她能感觉到钟旭对第三次结婚的顾虑，也隐隐担忧会不会跟没有血缘关系的女儿相处不好。但爱情将两个人推到了这一步，依珊不愿意退缩，也不舍得放手。

结婚之初，钟旭大部分时间都在忙工作，依珊则一边朝九晚五的上班一边在家里照顾婆婆和女儿。钟旭的父亲早亡，他的母亲含辛茹苦地将他抚养长大，一个人赚钱供他读书成才，在钟旭能够独立赚钱养家后，母亲就一直跟他住在一起，这也是让第一任妻子始终难以接受的地方。后来因不堪忍受如此紧密的婆媳相处，第一任钟夫人抛下丈夫和年幼的女儿另觅他人。依珊第一次听钟旭说起母亲辛劳凄苦的前半生，就对这位坚强的老妇人产生了敬意，她是真心觉得就算钟旭没有对她提出跟婆婆一起生活的请求，她也会主动要求把老人接过来好好照顾，让她安度幸福的晚年。而钟旭的第二任妻子之所以跟他结婚没满一年就离他而去，主要就是因为钟旭那个人小鬼大的宝贝女儿，自小失去母爱的小姑娘，比同龄人更多一分叛逆和防备。依珊对这个浑身是刺的女儿并没有急于亲近，她开诚布公地跟钟旭谈过许多次，后妈能给予孩子的关爱永远无法与生身母亲相比，她愿意努力去接纳这个与她没有血缘关系的孩子，但不会为了讨好她而卑微纵容。最初与这一老一小接触，依珊着实感觉压力巨大，这两人是除了自己之外与丈夫关系最亲最近的女人，对她客气中透着排斥，礼貌中充满冷淡。每每被她们“冷暴力”攻击，依珊的心就会疼，也会觉得很委屈失落，但是每每看见丈夫拖着疲惫的身体回家还要对着她小心翼翼地试探，生怕她也会突然翻脸甩手离开，她就想到两人当初决定在一起时自己的誓言。这个被人看作有着钢筋铁骨的男人，实际上有非常脆弱敏感的内心，为了获得一份简单的爱情，他竟像个无助的孩子那样左右为难、如履薄冰。

婚后的3年，依珊没有跟婆婆起过一次争执，也没有因为女儿的小脾气跟丈夫抱怨、告状，她比一般的儿媳更孝敬，比一般的母亲更细心，生活中许多不如意在她的包容下化为乌有。人心都是肉长的，在一起相处时间久了，婆婆感动于她的谦和贤惠，跟她比跟自己儿子还亲；女儿慢慢长大，在她的教育和培养下越来越成熟懂事，对她的称呼也从“哎”、“阿姨”变成了“妈妈”，还红着脸问她能不能跟爸爸再生一个小弟弟或者小妹妹。

依珊过着很多女人羡慕的阔绰生活，拥有一个不仅把财富与她分享，更把自己的心交给她的“优质”丈夫。重要的是她不像电视剧里演着狗血情节的女主角那样，人前光鲜得意，背后血泪涟涟，她拥有发自内心的快乐和满足，自己过得好，也引导着亲近的人共享她积极情绪的正能量，相互接纳，相互包容，这种幸福是实实在在的。

让一个人拥有旺盛生命力的源泉是快乐，而快乐的源泉是满足感。人类的知觉有它自己的“口味”，心宽的人感知事物的重点集中在积极情绪上，而刻薄的人则会不自觉地忽视那些美好的信号，专盯着别人的不足和错误去深究，跟着愤怒，跟着烦躁，更有甚者还会恶化为睚眦必报，把大量的精力耗费在与人斗上。

有方法，不会卡

没有任何理由能阻挡你成为一个宽容的人，你必须先学会换位思考：

1.跟人约好了见面，难得自己精心准备，对方却因为突发情况迟到或不能赴约了，会不会一股怒气窜进心中？临时改变安排也没什么大不了吧，如果遇到情况的是自己呢？会希望对方发怒甚至指责你吗？

2.就算心里别扭了，也别挂在脸上，更别轻易耍脾气、闹别扭，在伤到对方之前，首先承受负性能量的是你自己，任何情绪的毒药都不是全无代价就能产生。

3.亲友之间不存在仇怨，在任何时候都要假设对方并无恶意，发生冲突时绝对不要说“你这种人原本就……”没有什么人原本就一定是怎么样的，除非你坚持把对方定义为十恶不赦，那是你自己的问题。

10. 简单生活轻松过

在日本的繁华大都市有这样一群女孩，年轻的她们心地纯洁，天真、不做作，热爱生命，活在当下，珍视并享受生活中点点滴滴的快乐和幸福。她们不虚荣，不追求名牌奢侈品，穿着舒适随意，从不浓妆艳抹，从面容到发型服饰，整体给人一种刚走出大森林那样清新自然的感觉，她们被称作“森林系女孩”，简称“森女”。这个概念传入国内后，我们的身边也越来越多出现这种淳朴、清新的年轻姑娘，她们生长经历各异，性格各不相同，却普遍都有着雏菊一样恬然生长的心绪，当她们走过车水马龙的闹市，仿佛给浮躁的人群吹进了一股凉凉的微风。

在家居创意设计行业工作了5年的女孩丁玲，就是一个名副其实的“森女”，其实早在这个时髦的称谓在都市中风靡之前，她就已经骑着小小的单车穿过大街小巷，随遇而安地过着简单恬淡的小生活。

打开丁玲的衣橱，没有什么昂贵大牌，也没有皮草华服，只有自然、舒适、返璞归真的棉麻布褂小衫，她不喜欢那些需要机器工业繁复加工的高科技材料，更不喜欢靠残杀小动物取得的毛皮。虽然工资收入早已超过一般白领，但她不追求名牌，不爱珠宝首饰，也不盲目高消费，每个月收入有将近一半都贡献给了一个旨在恢复湿地生态的公益项目上。她有能力买汽车，却坚持每天骑着自行车出行，对她来说，生活的城市虽然不小，但步行或骑车能满足日常需求，低碳环保又能锻炼身体；需要去远处可以坐地铁或搭乘公交，便宜便捷，还可以免受堵车之苦。

虽然公司提供免费自助工作餐，但丁玲从不会取用过多糟蹋食物，跟朋友们一起出去吃饭，也总是劝大家少点些菜，不要铺张浪费，如果有没吃完的东西会打包带走。她所在的行业竞争激烈，但她不愿意把竞争对手当作“敌人”，更不会带着恶意去与人攀比，能够做出点成绩，照亮这个世界中一个小小的角落就让她感觉心满意足。她乐于助人，就算现在新闻里有那么多关于“碰瓷”的负面报道，事主吃了亏、上了当还要自己承担损失，但遇到身陷困境的人，她还是会忍不住伸出援手。丁玲是个戴着“有色眼镜”看人的主观主义者，她的“有色眼镜”是彩虹的颜色。在她眼里，没有什么人真正坏到十恶不赦，如果被他人伤害了，她也会哭泣难过，但绝不会让仇恨在自己的心里落地生根，她相信幸福的秘诀不是斤斤计较而是包容宽恕。

有人质疑丁玲这样的女孩是不是在“赶时髦”，怀疑她的随性与淡然是装出来的，丁玲自己不知道怎么去反驳，只是觉得与世无争的“森系生活”更适合自己。这世界很大，摊开双手，掌心却很小。她读书时也曾想过以后要狠狠拼搏奋斗，过上呼风唤雨的成功生活，但做着自己不擅长的事，装扮成符合别人喜好的样子，带给她的不是成功的喜悦，反而是沉重的压力。她一度怀疑自己到底是为了什么在生活，一条价值数千的连衣裙，一顿花销好几百的晚饭，小心翼翼选择着与人对话的措辞，为了赢得异性的好感忍着疼痛踩上高跟鞋，值得吗？可是裙装季季换新，精美的食物吃完了只能饱一餐，在酒肉朋友心中她不过是一条“人脉”，苦心经营的爱情不一定常保新鲜。

丁玲安慰自己说生活其实没有那么复杂，但让她不满足、不快乐的事总是会发生，越是想要得多，越是疲于奔命，越是不快乐。直到她审视自己的生活方式，发现只有从自己内心开始改变，心中放下了，生活才能真的变简单，看世界的眼光不一样了，想要的东西不一样了。从欲望的漩涡里挣脱出来，丁玲成了一个清爽的“森系女孩”，跟随自己的心，过着心满意足的小日子。

为什么要遵从自己的内心？因为除此之外，没有其他的方法能让一个人全然放松和舒适，在不伤害他人的前提下选择自己喜欢的生存方式。生活这件事，往复杂了说，惊天动地、海阔天空，真是多少篇幅也讲不完；往简单了说，生下来，便活着，闭上眼睛充分休息，睁开眼睛又是全新的一天，尽量多的做自己想做的事情，尽量满足自己的欲求，当欲望不那么巨大，小小的所得就能填满内心的渴望。

天堂未必能靠祈祷得来，但地狱一定藏在欲望之中，就像柏拉图说过的那样——决定一个人心情的不是环境，而是他的心境。挫败感、不满足不会管你是不是足够努力了，只要你拼命地“想得到”，得不到时就必然会受到消极的刺激。须记得，总是先有“危楼高百尺”，后有“手可摘星辰”，如果殚精竭虑地建筑摩天大楼让你感觉吃不消，为什么不躺在草地上仰望遥远的星空呢？小草和野花近在咫尺，晶莹的露珠一样值得流连垂青。

有方法，不会卡

做一个简单的人，轻松过活，你要学着停止如下行为：

1. 钟情于更贵而不是更合适的商品。盲目追求名牌和高价商品是恶性循环开始的信号，这个标准直接导致——吃早餐时，支付1万元比支付10元时更让你开心，没有那1万元，早餐就不能给你带来更多快乐。

2. 看着别人羡慕嫉妒恨。别人的样子长得好，别人的伴侣脾气好，别人的汽车更豪华，别人的父母更有权势，别人的工作更轻松，世上有的是好东西在权属上不归你，那又怎么样呢？难道有谁可以占有一切吗？

3. 否定自己和自己拥有的人、物。尤其不要抱怨父母给的不够多、不够好，要知道，他们给了你生命，那些你看不上的东西，已经是他们能提供的所有。

11. 良好的家庭气氛会帮你建立情绪正能量

现代心理学研究表明，人在一天里的情绪状态有两个关键的调整时间，一是早晨就餐前，二是晚上就寝前。这两个时间段一般是在家里，跟家人在一起的时间，在无意识的状态下，家人之间的互动会强烈影响到彼此的心情。如果是积极情绪在主导家庭氛围，那么正能量的传导就会帮家庭成员排除积郁，重启快乐的机关；而家庭中某一个人情绪很差的时候，负面能量就会源源不断地泄露，其他成员会受到感染，产生相应的情绪反应，于是就形成了沉闷、压抑的家庭氛围。

现代都市生活节奏加快，一家人真正能在一起的时间并不多，在有限的家庭时间里，每一个家庭成员都要尽量保持积极向上的心情，尽量不要破坏家庭的祥和气氛，避免引起情绪污染。

孙磊和程石名字里都有“石头”，性格也都像石头那样硬朗、棱角分明，这让同在一家健身俱乐部做游泳教练的他俩成了铁哥们。由于过直的性子，这俩面冷心热的难兄难弟常在工作场所遭遇误会和投诉，不过也是得益于性情直率，他们不想也不屑做什么不光彩的事情，所以小麻烦不断，大麻烦却没有。

这天，孙磊又因为得罪了自己VIP班上的一位“贵客”遭到了投诉，当天的全部课程结束后，值班经理专门开了个临时会议把大家叫到一起，拿孙磊当反面教材就是一通训。程石看孙磊面子上不好看，便挺身为他说话，说那个VIP客户是有名的难伺候，仗着有钱就对服务人员吆五喝六，让他满意基本上很难，孙磊也是不得已才说了他几句，没想到他恼羞成怒，会揪住几句气话不放，威胁孙磊要毁掉他的工作。值班经理看见程石竟敢在这么多员工面前顶撞自己，顿时火冒三丈，把矛头转向他也是一顿臭骂，最后还让他们俩回家去反省，不知道错就不用来上班了。

孙磊和程石都挨了骂，心里自然不好受，下班后互相宽慰几句，就兵分两头，各自回了家。

孙磊到了家门口，做了几次深呼吸，对自己说，结婚前就跟老婆约定好的，上班的情绪绝不带回家，虽然心里郁闷，但是苦着脸进门的话，老婆、孩子一定会受他的坏心情影响。今天是孙家每周的电影之夜，工作的事明天自有解决的办法，不能毁了家人一晚上的快乐。他带着笑脸开门进屋，果不其然，妻子已经做好了一桌好菜，儿子举着《怪物史莱克》的光盘兴奋地给他做着“剧透”，一家人其乐融融地吃了晚饭，又挤在沙发上抱着爆米花看完了电影。把儿子哄睡着了，他跟老婆钻进被窝，才对她说出了白天的烦心事。老婆像哄小狗那样安慰他，充分表扬了他有一颗赤子之心，十分正直可靠的优点，并指出了这件事中他也有不对的地方，孙磊觉得心里不那么堵了。他已经想好了怎么让领导和客户消气，以便未来能顺顺当当地继续工作，想通后就抱着老婆舒舒服服地进入了梦乡。

这边程石也到了家，一路上他都在咒骂那个不长眼的领导，他确实是为孙磊辩白了几句，但经理也不用那样骂自己啊，肯定是借题发挥，故意跟自己过不去。心情低落的程石刚把钥匙插进防盗门锁孔，就听见门里面女儿撕心裂肺的哭声，赶紧打开门一看，原来是媳妇正在因为女儿不肯好好练琴的事揍她屁股。他赶忙冲过去把媳妇拉开，抱起孩子问她这是干什么，他媳妇一边跟他拉扯着想继续教训孩子，一边骂着，从女儿太笨又不争气，骂到他这个当爹的不管事、不负责、没本事、窝囊废。话是越说越难听，没几分钟俩人就因为陈芝麻烂谷子的琐事吵了起来。媳妇又开始上演一哭二闹三上吊的戏码，程石则是新愁旧怨全堵在胸口，这一家人孩子哭、大人叫，锅碗瓢盆往地上砸。最后他大吼一声离婚，就摔门离开家，跑到护城河边坐了半宿。

家人是跟我们最亲近的人，家是我们最坚实、最温暖的依靠。人越是长大，就越是渴望有能够全心依赖的港湾，在外面不管经历了什么样的风雨打击，只要回到家，就能感觉踏实、安全。一个温馨的家能带给我们的绝不仅仅是吃饭睡觉的地方，比起身体的歇息，让心灵躲进避风港更为重要，好好调整情绪之后才能再次扬帆远航。

现实中总有些人搞错了家的意义，把港湾理解为可以毫不顾忌地发泄负面情绪的地方。因为跟家人亲近，就可以肆无忌惮地把那些不敢对领导、客户爆发的怒气往家人身上撒，更有甚者对弱小的家庭成员施以暴力，却没有意识到，就算得罪了重要的客户，也只是失去浅薄的缘分，而伤害了家人，则会失去世间最深厚的羁绊。

有方法，不会卡

守住最后的阵地，营造完美的家庭氛围，你要认识到：

1.家人在一起生活，互相之间的影响是不需要特别的言语和动作去传达的，你冷着脸，你沉默着，你唉声叹气，都会直接影响到他们的心情。爱家人，先要爱自己，让自己快乐起来。

2.早晨上班之前不要因为起晚了、迟到了或其他什么原因不开心，你的不耐烦会毁了其他人一天的好心情；晚上多跟家人分享休闲娱乐时段，自顾自地处理方法只会让你们的关系越来越疏远，桌游和外出运动都是不错的选择。

3.如果你认同垃圾不能往被窝里倒，那么情绪的垃圾也不要往家里扔，你的家是你安身立命的根本，是你一生幸福的源头，伤害亲近的人会让你付出惨痛的代价，家庭氛围越坏，你的心情和生活就会越糟糕。

◎ 本章小结 ◎

我们每个人都像是一块活的磁铁，磁性的秘密就在于——所有形式的物质或能量都吸引与之频率接近的东西，任何事物都吸引与其类似的事物，无论好的还是坏的，能量吸引类似的能量。故而，正性情绪吸引正性情绪，沉浸在坏心情里就难免越发倒霉，变得“喝凉水都塞牙”，不管是高兴还是不高兴，心里的能量都会慢慢累积。积极的、健康的、催人奋进的、给人力量的、充满希望的正能量作为吸引力的源头，会吸引更多帮助我们获得幸福的动力，正能量的聚集会让我们相信活着是一件很值得、很舒服、很有趣的事情。

第五章

Chapter

释放身体中的负能量

肌体新陈代谢的重要性不言而喻，对情绪中负面因素的发泄更为重要，人们自然而然掌握的“发泄”正是心理学中提倡的心理防御机制之一。正因为我们会发泄不良情绪，才能有规律地疏导精神上的痛苦，避免遭受挫折后可能产生的生理疾病，保护我们正常地生活在人类社会中。遇到不如意而产生委屈、不满、愤怒的时候，出于一些现实的原因，不会也不能立即表现出来，更多时候会选择把负性情绪限制在隐性状态，通过压抑保持社会人基本的行为操守。但是人的心理承载也是有“限重”的，不良情绪长期积郁在心中，心理和生理都容易出现病变。

人有苦闷就应发泄，前提是把握“度”，掌握方法。找一个恰当的对象，以一种尽量无害的方式合理宣泄情绪，使心中积压的负性情绪得以稀释，从而摆脱这种负性情绪的干扰，让积极情绪的正能量常驻心中。

1. 负能量导致肌肉紧张

抑郁憋在心里越积越多，可能会引起“情绪病”发作，前面我们谈到过“情绪病”这种“心理癌症”，它让人心中感到烦闷、紧张、焦虑、惊惧、多疑、悲伤，身体也会出现疼痛、痉挛、疲惫脱力、失眠健忘、心悸胸闷、消化功能紊乱等症状，其中比较多见的一类就是因长期郁闷导致的心理性肌肉紧张。

开始时可能是不正常的疲惫，感觉肩膀、脖子“较劲儿”，慢慢会发展为明显的原发性纤维肌痛，纤维组织、肌肉、肌腱、韧带和其他部位均可能感觉到不适，其中以枕部、颈部、肩部、胸廓、下背部以及股部的僵硬和酸痛最多见，去医院检查又查不出什么炎症或特异性改变。如果不缓解紧张、压抑的情绪，就算是吃药，也是治标不治本，非常折磨人。

刘英男是个基层民警，身体素质绝对过硬，平常一年半载也不会得一次感冒。他脑子好使，工作也勤奋，深受辖区居民和同事们的赞扬，也得到了老领导的赏识，工作没几年就升为分局副处级干部了。但自从他“升官”后，压力陡然增大，麻烦就跟着来了。

做“兵”的时候主要是一门心思干事，把领导交办的任务妥妥地完成了，别的就都不用再操心，当了“将”则不仅要把事情做好，更要学会做人的学问。小刘同志出警处理警务那是一把好手，跟同事们称兄道弟，关系也是十分亲密，可突然要转变角色，摆出一副领导的派头指挥大家，他实在是觉得别扭。开始想着就按照原来的方式继续和同事们相处，大不了有任务的时候自己分配一下，还像原来那样大家一起合力完成，不讲什么谁领导谁、谁命令谁，融洽的感情就不会受影响，后来他却发现自己的想法太简单了。当领导之前他不知道领导看似悠闲，实际上每天要处理那么多公文和会议，作为负责人不仅要管好手下的兵，更要对上级领导的精神吃透，一人扛起责任。跟属下还像原来那样打成一片，在时间和精力上都做不到，开会“排兵布阵”时必须言简意赅把意图传达清，责任分到人，这让大家对他的态度发生了变化，客气和恭敬中满是疏离感。在一次总结会上他针对任务中出现的纰漏做分析，批评了几个工作中疏忽大意的同事，会上大家都没说什么，散会后他邀请那几个老哥们下班去吃个饭喝两杯，几个人不约而同地婉拒了。可当天晚上他接受领导邀请去那家熟悉的餐馆一起吃饭时，竟看见那几个推说家中有事不能跟他一起喝酒的人也在，两方不期而遇，表情都很不自然，刘英男惊讶之余也想不通自己到底做错了什么。不明内情的领导叫上大家坐在同一个包厢，那几个人只是客客气气地跟“刘处长”打了招呼，就不再主动理他。刘英男心里像打翻了胡椒瓶子，呛得难受，一顿饭吃得窘迫又压抑。

刘英男每天在尴尬的气氛中走进自己的办公室，他甚至开始躲避曾经的旧友，跟人说话时也紧张兮兮的，生怕说错话被误会成“摆架子”。他怕被领导表扬，因为他觉得那样会让他在局里被孤立，他更怕被领导批评，工作干不好，不知道有多少人等着看他笑话。

明明不像原来成天泡在街上和社区中干重体力劳动了，可刘英男却觉得自己出了问题，他的身体变得非常容易疲惫，一天工作下来就浑身肌肉酸痛，胳膊腿较劲，脖颈也疼，小腿肚也疼。他也懒得去看病，买了许多止痛片对付着吃，慢慢地，他每天不吃止痛片就不能安然入睡，还添了失眠的毛病。体检也查不出什么疾病，医生只是建议他工作压力大时要学会自我调节，不要太紧张，说他的肌肉酸痛症状很可能是由于精神过度紧张造成的。

有痛苦不能念叨，有委屈不能流泪，这是很多现代职场人士，尤其是男士正在承受着的“酷刑”。越是走在人生的上坡路，越是无可避免地承受压力和非议，“咬紧牙关死忍”是许多自诩纯爷们的男人的首要选择，而

“打落了牙齿往肚子里咽”难道就一点伤害也没有吗？那颗被打落的“牙齿”窝在肚子很难自行消化，赶上那种隔三岔五就要打落几颗牙的情况，岂不是要因为“消化不良”寝食难安了。

有方法，不会卡

合理宣泄情绪，释放心中的压力和苦闷，你可以尝试：

1. 如果苦闷有明确的源头，就鼓起勇气去面对，对那个总是让你委屈难过的人说：“我感觉很生气/很难受/很委屈/很别扭/很害怕，因为你……”，**有针对性地说出困扰你的问题**，就算不能解决，包袱也甩出去了，顿时会轻松很多。

2. 如果让你苦闷的不是一个人，而是很多人、很多事，那么你要及时自省，**到底是别人有问题，还是你评判他人的标准出了问题**。自我调节的方法有很多，运动、唱歌、吃喝玩乐，购物、旅行，打枕头、撕纸、写博客……大胆去发泄吧。

3. 如果让你苦闷的人和事非常多，你甚至都不知道该去找谁谈一谈，在自己身上也找不出能够改善的地方，那么**果断离开那个让你痛苦的地方**吧。没有人会老老实实坐在毒气室里受害，而一个只会对你灌输负面情绪的地方不亚于毒气室。

2. 找个没人的地方尽情宣泄

“没人的地方”并不是说真的空无一人、一片蛮荒，这种方法的重点在于脱离日常生活的舞台。登台便要对得起观众，在压力巨大的每一天，你负责任地运转着、出演着被安排的角色，当你谢幕、卸妆后，要努力做回真实的自己，不管行为多么乖张、幼稚，不怕被人评判，也不怕人嘲笑。

越是位高权重的人，越是性格谨慎内敛的人，越是需要一个私密的，没有那么多熟人和“眼线”的环境，释放心里的情绪。脱下西装革履，放声大笑，说想说的话，看想看的风景，这种“出逃”本身就是把堆积在身上厚重的“壳”剥离下去，同时显露出来的就是自己的真性情。

安华今年41岁，年轻时受过良好教育，奋斗了将近20年，终于走入了收入丰厚的中产阶层。当车子、房子、孩子、票子，一切对他来说都已经是囊中之物时，他也迎来了自己的“中年危机”，仿佛回到了十几岁时走在陌生城市街道上的迷失和无所适从。

在沉稳睿智的面具下，安华知道自己的心每天都在煎熬中颤抖，他注意到自己身体的变化，他在变老，他怕变老，怕自己变成一个对异性没有任何吸引力的老头，怕那看见的一张张笑脸都是冲着他屁股下面的位子，而不是真的喜欢他。公司里年轻的小伙子朝气蓬勃，他们可以耍酷卖萌，可以因为恋爱淋雨，因为失恋喝酒，而他则要时刻绷着脸，绷着神经。妻子已经是他生命的一部分，曾经激荡人心的爱情也转化成了围着孩子打转的亲情。以前没什么钱，事业上就像每天都在山脚下仰望山顶的攀登者，他告诉自己，奋斗的前方是希望，是全家人的幸福，要让客户更满意，要改变这个行业，要主宰自己的命运。而如今，他不仅主宰了自己的命运，还影响着很多人的生活，行业里那点儿事他比谁都清楚，换句话说他已经完全掌握了这个社会的游戏规则，生存技能融入他的骨血，将变革的欲望消磨殆尽。

安华觉得苦闷，因为他很少听到什么“实话”，也很少说“实话”，与同事、家人的交流都是精心雕琢过的，他甚至已经不需要刻意去包装，言语和行为都会自动“优化”。那种直言不讳，纵情哭笑的青春特权，还没反应过来就已经失去了。早晨上班前，戴上昂贵的手表，吻别相伴十几年的妻子，坐进豪华的汽车，对他来说是一种重复的习常，已经不能激起任何心动的感觉，他想把这种麻木的痛苦对人说说，想找个不那么了解他的人吐吐苦水，又怕有炫富嫌疑会令人不快，更怕跟别的年轻女性走近了一不小心闹出“出轨”绯闻，伤害了妻子，毁掉现在完美的生活。

朋友建议安华去打球、游泳、唱歌、按摩，但是每次跟着大家去休闲娱乐，安华都感觉自己还是在应酬，说是打球运动，但同去的这个“总”那个“总”，凑在一起就难免摆出符合自己身份地位的表情，说好了都不谈工作，可是都身处这个圈子，不谈工作就是聊孩子、聊家里老人，这个岁数的男人没有谁能完全省心不担责任，聊来聊去心里还是不轻松。

一次偶然的机会，安华自己一个人开车来到市郊办事，回去的路上赶上暴雨把山路冲毁了一段，他只得就近找了个农家院住下。山里信号不好，手机又快没电了，他告诉家人自己安全，等路修通了就返城，便关了手机，踏实住下来。淳朴的农户收了他硬塞的300元，给他安排了一个单独的小院，说晚上给他杀只鸡炖一锅，其他时候还要进山干活，就不招呼他了。安华惊喜地发现，自己突然自由了，助理不在身边，没有人会安排他的行动，妻子不在身边，他不用听她唠叨家长里短，孩子不在身边，他不用板起脸做严父。农家有没劈完的木柴，他脱下精致的手工西服，抡起柴刀就劈起来，劈完了柴，钻进院子旁边的松林，发现刚被雨水浇透的地上长出许多松蘑。他便找了个小笸箩，像个孩子一样循着山路奔跑，采起了蘑菇。与主人家一起吃晚饭格外香，不用顾及别人怎么看自己，安华享受着久违的无拘无束的畅快。

第二天上午，山路修通了，安华打开手机，信息和未接来电一大堆，但他知道，公司一样在运转，家人也都正常生活，他的一天逃离并没有导致他的世界崩溃。肩上的担子又要马上挑起来，他却觉得不像之前那样沉重了，他不想与人分享一个人的秘密基地，那座大山是他可以躲起来做回真正自己的地方。

当你感觉到不得不戴着面具走出家门、走进办公楼的时候，祝贺你，距离一个成熟、成功的社会人又近了一步。但同时也要提醒你，面具不能一直戴着，真面目不能在人前展露的话，就找一个没人认识你，没人会用日常标准对你评头论足的地方去吧。扮演其他身份的人，体验别样的人生，短暂变身后的再回归，也许就能神清气爽了。

有方法，不会卡

要找到一个“没有人的地方”，你可以尝试：

1.断开网络，关闭手机，**暂时断开与世界的联络**。

2.异地。一个人出发去旅行，只做一个背包客，不去想工作，不去提旅行以外的事情，认识新朋友，全心投入冒险的过程。

3.远足。走出门去，不开车，不带地图，坐着公交车一路散漫观光，下车步行，逛逛沿途的街边小店，品尝各种新鲜的小吃，给路边的猫猫狗狗拍照，在同一座城市一样可以发现不一样的风景。

3. 吵架也是一种释放

生活中最容易争吵的就数伴侣、家人和朋友了，越是亲密的关系越容易产生矛盾摩擦，一种选择是冷战，心里装着不满，却没有激烈言行，以其他方式表现出来；另一种是“热战”，也就是吵架。

在中国传统观念里，和谐是非常值得称道的状态，与人为善的首要标准就是“跟谁都没红过脸”，一辈子相敬如宾没吵过架的老夫老妻更是子女们学习的楷模。然而，随着社会的进步，女性地位的不断提升，夫妻关系在潜移默化地向着更平等、更开放的境界发展。有不同意见时，据理力争跟逆来顺受相比渐渐占了上风。对绝大多数夫妻来说，一辈子不吵架是不可能的事，同样是吵架，有的越吵感情越牢固，有的却只能以分手收场。

张欣和王宇是一对相恋了两年的小情侣，俩人都属于性格内向的闷葫芦，平时在一块不像别的恋人那样花样百出、吵吵闹闹，他们都是绝对的“和平主义者”，非常抵触吵架，也约定好，不管有什么事，都要心平气和地交流，绝不争吵。

恋爱两年，走到了谈婚论嫁的当口，他俩便向双方父母申请在年内择佳期举行婚礼，正式成为夫妻共同开展新生活。但就是谈婚论嫁、筹备婚礼这事，让原本亲密和谐的两个人第一次产生了巨大的分歧。

事情要从双方家长说起，张欣的父母都是商人，一起经营一家规模不小的贸易公司。张欣是独生女儿，从小成绩优异，长大后考入名牌大学医学系，经过5年辛苦学习，成为一名见习儿科医生，未来向着主治医师的方向发展，工作顺风顺水，前途一片光明。这是老张家第一次也是唯一一次嫁女，他们要把婚礼办得风风光光、体体面面，对他们来说，排场越大越好，那样才衬得起自己的宝贝女儿。而男方王宇是家里的小儿子，上面有一个哥哥已经娶妻生子，老王两口子都是大学教师，家里衣食不愁，却远没有到达有钱的标准。家里大哥的婚礼花销已经不少，小儿子的婚礼如果还要大办特办，人力财力上都会有很沉重的负担。针对婚礼多大规模，怎么个办法，双方的家庭抱有完全不同的理念，张欣父母怎么也不答应轻易将优秀的女儿嫁出门，张妈妈更是每天在女儿耳边吹风，说女人便宜嫁了，未来在婆家会被轻视，婚礼从简就是不拿新媳妇当回事，迎娶容易，离婚更容易。而王宇的父亲则认为，一场婚礼就要花掉王家所有积蓄，这样败家的媳妇娶进门，以后王宇的日子会更难过。张欣家有钱，有钱人的坏毛病太多，娇生惯养的千金小姐可不好伺候，王宇娶了她，等于给自己娶回个祖宗要全家帮着供奉，早晚还会因为王宇不够有钱离开他。

张欣和王宇的争吵就发生在双方家长对婚礼安排做了最后通牒之后，张欣告诉王宇，她妈说了，没有奔驰车队，没有酒店花园包场，没有八千元一桌的婚宴大餐，这个婚就别想结；王宇也告诉张欣，他爸说了，有钱也不能那样挥霍，更别提他们家没有那么多钱，婚礼可以好好办，但是什么八千一桌的婚宴他们家买不起，非要高消费也行，张家自己出钱。这事断断续续已经折腾了快两个月，最后这么个结果，就是谈不拢，王宇自嘲地笑笑说："赖我这个教书匠没本事，我们家穷，可能我真的配不上你这个金枝玉叶。"张欣听他这么说，眼泪一下就涌出了眼眶，她说："王宇，你有没有良心，我是什么样的人你不知道吗？我父母这样提要求我也觉得有点儿高，但是我们家就我一个女儿，我妈是心疼我怕我受委屈。"王宇听她这么说，有点急了，厉声回道："你妈就知道心疼你，什么时候想过我，那我父母怎么办，棺材本儿都要用来买你家的脸面了。"张欣听他这么说，也急了，吼道："王宇你说的是人话吗！我真是瞎了眼，这两年我跟着你过的叫什么日子，我自己花进去多少钱你心里有数！"就这样，两个人从婚礼吵到日常琐事的点滴，每一次有矛盾时压抑不吵的意见都转化成了这次爆发的动力和指责对方的依据。他们才发现，原来一直以来为了不吵架而回避的那些问题，其实一直都还存在着，只是结婚让那些矛盾变得不能再逃避。

像张欣和王宇夫妻俩这样平时不吵，一旦翻脸就是天崩地裂的小夫妻成了现今“闪婚闪离”的主力军。小矛盾出现时不当回事，有了意见也不知道怎么跟对方说，不懂得如何进行良性争吵的两个人，恐怕一吵架，感情就不好了，甜蜜和幸福就不在了。实际上吵架并不必然地消灭相爱的情感，胡乱指责、不讲究方式方法的恶斗才伤感情，而良性争吵非但不会让夫妻疏远，反而能越吵越亲，拉近心灵的距离。

所谓的“良性争吵”，是人与人之间交往、相处、沟通的一种必须方式。在情绪已经不能再压抑，有不吐不快的冲动时，不妨像“竹筒倒豆子”那样把自己真实的想法说出来，不仅可以有效宣泄负面情绪，还可以帮助对方了解自己隐藏的意图，进而才能互相解释、调整、改善自己的行为。将其中的误会解开了，心结也就解开了，坦诚相对、紧密相依，共同承担起家里的责任，这也是婚姻最核心的基本功能之一。

有方法，不会卡

告别恶斗，通过良性争吵释放负面情绪，你必须明白：

1. **恶斗最大的特点就是重复**。每次发生分歧都是针对同一个问题，说明问题根本没有得到解决，或者你们之间的问题是涉及性格、重大人生观和价值观、积习冲突的深层次矛盾，根本无法通过沟通解决。

2. 坚守三个“绝对不要”的原则：否定对方角色、否定对方价值、因为一件事否定所有事的话和破罐子破摔的话绝对不要说；公共场所、双方的亲友和同事面前、开车时绝对不要吵；小动物、小孩子和家中物品绝对不要打砸。

3. **吵架不是为了伤害对方**，就像彼此靠近不是为了互相折磨，我们是因为喜欢和爱才成了伴侣或朋友，不管对事有多么不满，对人要始终抱有善意，勿忘初心。

4.有想法应说出来，别总压抑着

要知道，生活中那些让人焦头烂额的麻烦，许多都是在人际交流中被人为制造出来的，而在管理学领域，沟通不利带来的麻烦占到管理问题的80%以上。我们总强调沟通的重要性，正是要通过有技巧的信息传递避免这种原本不应存在的障碍。

沟通技巧中非常重要的一部分就是学会表达不满，坦诚地交换意见，但很多时候，我们在生活中面临的最大问题不是什么交流方式，而是根本不敢也不会张口表达不满的情绪。心里有话，在嗓子眼转了一万遍，面对对方的时候死活就说不出来，别说解决问题，这么隐忍压抑本身就变成了问题——总吃哑巴亏，心里怎能不堵得慌。

萍萍跟晓兰都是漂在大城市里的外乡人，她们因为合租一套小两居室成了室友，合租之初俩人就有份君子协定，约定：萍萍住在较大那间卧室，晓兰是后来的，住小的那间，电视放在晓兰房间使用，客厅里还有个很大的衣柜，也归晓兰使用，房租一人一半，平均分摊水费、电费、网费等各种费用，也平均分摊所有清洁打扫的劳动。不打扰彼此的生活，可以带同性朋友来家玩，但是最好不留人过夜，屋子隔音不好，晚上11点以后不可以制造噪音吵人睡觉，每个周末大扫除一次，轮流负责。

起初一切都挺好，俩人客气相处，互相不打扰对方生活。但渐渐地，萍萍就发现晓兰开始“违约”了，比如说好了不能让异性来玩，不能留人过夜，晓兰却总是带男朋友回家。有一次萍萍正在卫生间洗澡，听见门有响动，晓兰跟一个男人说笑着进了屋，她顿时十分窘迫，躲在卫生间里直到确认那两人进了晓兰屋才裹着浴巾出来，跑回自己房间锁上了门。第二天早晨，这个男孩竟然跟晓兰一起起床，一起洗漱，萍萍觉得尴尬，只好等他们折腾完了再洗漱，结果上班迟到被扣了当月全勤奖。再比如晓兰不爱收拾屋子，却狂爱吃零食，包装袋和果壳垃圾堆成山了也想不起来去扔，萍萍总是要“顺手”帮她把垃圾带出去扔掉，开始协议好的周末扫除，每次她都说有急事出门或者身体不舒服，做了两回就不再做了。还有晓兰晚上睡觉很晚，看电视到夜里1点钟，有时候都12点了，她想起衣服没洗，就会开动洗衣机洗衣服，萍萍紧闭着房门，蒙着被子一样可以听到那台老旧洗衣机哄哄运转的声音。晓兰和她的朋友们吸烟，萍萍也无可避免地受二手烟毒害，她还常招待老同学聚餐喝酒，把客厅和厨房弄得一团乱。

对于晓兰这种恶劣的室友，萍萍心里的不满和牢骚都憋到嗓子眼了，每当她想跟对方提出这些不满时，晓兰总能找到别的事把话引开或者一通撒娇耍赖把她的话头堵回去。加上萍萍不善于表达不满，一想到要开口指责对方，话就哽在咽喉很难说出来，仿佛犯错的是自己。当晓兰端着洗好的水果拿给她时，她心里又软了，想着再原谅对方一次，下次再说。可下次真的发生了，她还是不好意思提出来，只能一边赌气一边默默忍耐着，盼着一年以后租期到了赶紧换个室友。

萍萍的忍耐不是不需要付出代价，她常因为晓兰的种种行为生气，心里总像横着一节木头，晚上睡不好觉，白天上班没精神，总出错受罚。就在跟晓兰的合租终于临近结束时，萍萍发现自己在脱发，不是那种正常的掉头发，而是突然掉一大撮。她赶紧去医院看病，医生说她长期精神压力过大，内分泌失调，导致了压力性斑秃。这个巨大的打击让萍萍异常愤怒，她终于下定决心要去找晓兰理论。回到家还没想好怎么张口说，就见晓兰已经打包好了自己的行李，看样子是准备搬家。晓兰紧紧拥抱了“好室友”萍萍，说谢谢她一年来的照顾，自己要搬去男友的房子里同居了，最后剩下的半个月租期当是送给萍萍，钱不需要退。

直到最后，萍萍的“意见”也没说出来，晓兰就那样走了，奔向了她甜蜜的同居新生活。萍萍愣在原地，不知道自己为什么那么倒霉，甚至怀疑是不是自己错了。

《大话西游》里那个臭苍蝇一样的唐僧最喜欢絮絮叨叨地对悟空说："你要你就说出来嘛，你不说我怎么知道你要，你要你又不说，那我就不知道你到底要还是不要了……"看似逗趣的无厘头情节，实际上说出了一个再简单不过的哲理——有话你就说出来，别幻想着人人都是你肚子里的蛔虫，你认为理所当然的事在他人的思维逻辑里也许并不成立。

在生活中，在职场里，最令人难以应付的往往就是沟通情绪的问题，我们可能都会遇到"气你在心口难开"的窘迫，举个最常见的小例子，同事找你借钱，或帮同事垫钱买了小额商品后，对方给忘了，一直也没提还钱的事，有不少人就会一边在心里别别扭扭地想着"是不是应该问问TA那个钱的事"，一边又总不好意思张嘴讨要，总在等待时机开口，仿佛犯了什么错一样，能感受到明显的情绪压迫。

有方法，不会卡

在讲究技巧之前，先端正态度，尝试说出心中的感受吧：

1.既然没有神医扁鹊的本事，那就先头痛医头脚痛医脚，确认是某个人的言行导致了你的痛苦，一定要让对方知道，**"知道"是一切改变的前提**，否则你只能一直遭受折磨。

2.直接跟对方对话实在是做不到？还可以用QQ、邮箱、微信、微博、短信、手写便笺……选择一种不见面的方式传递消息，能有效缓解尴尬。

3.就事论事，笑着说话，不要把说话变成吵架。谁都会犯错，也有可能谁都没有错，只是看问题的角度不同，做事情的手段不同，需要排除的是对方言行给你造成的郁闷不快，而不是对方本身。

5. 情感垃圾要果断丢弃

人是感情动物，以往生活中遇到的人、发生的事，不会因为过去了、结束了就变得毫无踪影。随着记忆留下的，除了或美好或伤心的情节，还有已经描述不出情境的那些情绪。好的体验在记忆中生根发芽，长为滋养生命的心灵氧吧，而负面的情绪体验就像垃圾，如果不及时清扫，任由它们在心里安营扎寨，毒素不仅危及当时，还有可能祸及以后。

情绪垃圾在心里日积月累，逐渐填满了那些敏感细微的角落，负面情绪莫名地冒出来，记忆压抑得愈深，我们的身心就愈感到不适。这时候可能就会自觉不自觉地把靠近我们的人当作情绪垃圾桶，怀疑猜忌、鄙夷仇视，不管不顾地往他们身上丢，害人终害己，反复纠结让我们反复受折磨。

王雯是个文艺气质浓厚的美女，身边不乏形形色色的追求者，但快奔三的她却还没有一个关系稳定的男朋友。作为情感类知名博客的博主，她对别人的恋情分析得头头是道，帮助过不少在迷惘中苦苦挣扎的痴男怨女，但说到自己为什么还没收获一份美好的爱情，她总笑称自己长得丑，不讨人喜欢，所以缘分迟迟不肯来敲门。

见过王雯的人都知道，她可一点也不丑，波浪长发，桃花笑眼，高高的鼻梁鹅蛋脸，颇有些混血美女的感觉，身边的男性不自觉地就会被她美丽的外表和优雅的气质吸引。就是这样一个充满知性美的女孩，为什么还是单身呢？有人猜想，一定是王大美女眼光高，一般的男人她看不上，挑三拣四最后把自己耗成了“剩女”，也有人怀疑王雯虽然在博文里把恋爱分析得透彻，道理都懂，但自己性格很差，导致追求者们在认清她的真面目后纷纷因受不了而离去。

其实，王雯眼光不高，也没有什么恶劣性格，阻挡她幸福之路的，是她那场刻骨铭心的初恋。上大学以前，王雯一直在父母身边生活，王家父母知道自己女儿长得漂亮，容易因为男女情事受到伤害，一直给她讲早恋的危害。乖巧懂事的王雯从小就很听父母的话，一直到大二，才第一次接受了追求者的爱意。王雯与男友是大学同学，交往时感情很好，在大学里一起度过了甜蜜美好的三年时光。毕业后两人在同一个城市工作，租了一间小房子同居在一起。那时候王雯做了报社记者，时常需要跟着师傅出差，而她男友在IT行业，工作就在本地，只是晚上加班比较多，两个人都很忙，交往时间一长也没什么激情了，小日子平平淡淡地过。

工作一年后的某天，王雯发现自己怀孕了，她兴高采烈地把这个消息告诉男友。男友的第一反应却不像她幻想的那样，他竟然劝她先把孩子打掉，说目前条件不具备，还不能娶她，更不能养孩子。王雯死活不肯去做流产手术，两人就这样僵持着。经过此事，王雯开始注意到男友的一些反常举动，说是反常，其实很多征兆一直都在，只是王雯没往深里琢磨。都说在爱情里起了疑心的女人会变成比福尔摩斯还厉害的侦探，这话不假，没出半个月，王雯就发现了男友的秘密。那个曾发誓会爱她一生一世的男人，背着她在外面有了别人。面对王雯的质问，男友开始狡辩，后来实在瞒不过了又下跪道歉，说跟那个女人只是玩玩，从没有认真过。还大言不惭地说每个男人其实都会出轨，只不过有的被抓住了，有的隐藏得好一辈子都没被抓住，只要成功了有钱了都会出去“玩女人”，那是男人的天性。受到巨大刺激的王雯被气得昏倒在地，等她在医院苏醒过来的时候，孩子已经流产不在了。

结束了失败的恋情，王雯告别了那个曾令她深爱又令她作呕的男人，但那个人说的话却深深刻在了她心中：“男人都是会出轨的，男人的天性如此，就算自己做得再好，丈夫还是会为了新鲜感再去找别人。”带着这样的想法，虽然她一次次鼓起勇气想重新开始，又一次次因为对新男友的不信任失去所爱。她越是怀疑，就越是能发现男人花心的证据，心里的失望慢慢变成了绝望。因为惧怕再次被伤害，她给自己裹上了一层坚固的硬壳，别人进不去，她也走不出来了。

我们内心的基础情绪成分在某段时间内会有一个比较固定的比值，积极一面所占的比重决定了当期心情的主旋律，情绪垃圾和它所释放出来的毒素会将情绪拖向难以扭转的负面。也就是说，不管喜、怒、哀、乐的刺激源是什么，堆积如山的负面信息都会把它们浸染为悲哀和愤怒，在这种病态思维作用下，人就变成了“专业不高兴选手”。

有人说，回忆太难忘，受过的伤太重、太痛，那些不愉快刺痛着我们脆弱的神经，所以念念不忘。其实那些情绪的垃圾不是不能扫除，只是不想忘掉，不能忘掉。垃圾不扫除，屋子就不干净，负面的情绪不清一清，心房就会一直笼罩在阴影下。你可以问问自己，不管是多重的伤害，如果有康复的机会，有什么正当理由让它感染溃烂，久久不能愈合？明知心里有悲伤痛苦，首先要做的就是打扫记忆，理清思绪，给心灵消消毒，只有尽快好起来，才能继续追求更好的际遇、更幸福的生活，永远别为了故作深沉回味痛苦，那不值得。

有方法，不会卡

清理情绪垃圾与打扫房间相比，也难也简单，关键是你怎么看：

1. **感情上的污点别抱着不放**，那可能刻骨铭心，但绝不光荣。

2. 人们会分享你的故事，会惊讶于你的传说，会对你的遭遇落泪叹惋，**但永远永远没有人能替你承受一丝一毫的痛苦**，你的负面情绪是你自己的，自己不舍得丢，谁也帮不了你，没必要反复展览自己的伤口博别人一句廉价的同情。

3. 下定决心来个情绪大扫除，就不需要耗费太多力气，用好的心情刷新未来的日子，相信自己一切都会好起来的。所有的不幸都不是命运对过去苦难的重复，它们只是用来考验自己心性的巧合，只要看透彻了，心就会是晴朗的。

6. 负能量太多时，需反省自己

不知你是否有这样的阶段，看着别人每天都兴高采烈的，理解不了他们为什么那么幸运，总有那么多高兴事，而自己不是生活平淡无奇就是倒霉事一件接一件，心烦意乱，就是高兴不起来。因为自己心情不好、没什么耐性、脾气差，看周围那些人怎么都不顺眼，特别是在他们打扰到自己的生活或者不能让自己满意的时候，恨不得冲上去大吵一架，看他们还能不能继续嬉皮笑脸的。

这种情绪可能是由于某个负面刺激事件导致的，也可能源自生理的病变和正在服用的药物。英国皇家医师学会所做的医学研究表明，对于一些身患疾病或处于某种特殊状态下的人来说，生气可能不完全是性格或心理因素引起的，很多疾病和药物的副作用会导致人们易受刺激、经常发怒。

洪太太最近有点儿心烦，心烦的原因就是她的老伴儿洪先生。

说起洪家老两口，那可是社区里的名人，老洪是一位德高望重的老法官，洪太太则是一位书画俱佳的老艺术家，自己经营书画教室。他们的两个孩子都在国外工作，一个在联合国总部，另一个去非洲做当地援建工程，家里剩下两位老人和一位常年为洪家料理家务的保姆。

老洪退休之前工作非常忙，晚上回家吃了晚饭散完步后还要看文件、看书，周末也会因为有案子在手上跑出去找资料或走访调查，他这样舍己奉公的敬业和专注并没有给洪太太带来任何困扰，因为洪太太的书画教室正在稳步发展，她这个公司老总兼首席讲师可是比洪大法官还忙碌。

那么最近洪先生怎么就惹老伴儿心烦了呢？这都要从两个月前他退休说起，辛苦了一辈子，因为身体原因终于退下来的老洪就像其他所有刚刚退休的老年人那样，对没了工作的生活有些不知所措。早晨起来吃过早饭就不知道该干什么了，跟着社区里别的老人一起溜达到菜市场，才发现菜摊上大多数东西他都不认识，年轻时洪太太伺候他吃穿，岁数大了家里又有保姆照顾，他一心扑在工作上，下厨房的次数屈指可数。两手空空又溜达回家，给部下们打电话问问工作情况，听见人家正忙着，也不好意思多说。他坐在沙发上越琢磨越觉得自己老了，没用了，他甚至隐隐感觉自己退下来就不再受重视了。晚上下班回家的洪太太看见老伴愁云密布的脸，就知道他还不适应退休后的生活。她为了逗洪先生开心，讲起了白天教室发生的趣事，没想到老伴听了不仅没有高兴，反而轻蔑地说她胡闹，钻进书房扪上房门不再理人。

老洪退休一个月后，家里的保姆就因为忍受不了他每天在家“监工”还乱发脾气，决定离开他家，换其他人家服务。没了保姆，老洪的日常起居就没有人照顾，他便要求洪太太放下书画教室的工作，回家伺候他。洪太太不答应，他就称病卧床不起，还给远在海外的儿子打电话，说自己快病死在家里没有人管，让儿子回来收尸，把儿子吓得差点就要买机票赶回家。后来听了洪太太的解释，儿子也哭笑不得，都说岁数大了会变成“老小孩”，他们是真没想到，自己的父亲升堂审案，威严了一辈子，退休后会变成这样蛮不讲理的倔老头。

老洪的心脏本来就有问题，每天还郁闷憋屈，孩子不在身边，老伴有自己的事业脱不开身，曾经的同事、部下们又都有自己的事情忙。还有一次接到单位的电话，是通知他参加另一位老法官的葬礼——那位老兄弟刚刚退休半年就查出了直肠癌，又坚持了不到半年就去世了。所有这些负面的能量积聚起来，每天折磨着老洪的神经，他也不知道自己为什么高兴不起来，就是觉得每天都很烦躁，很愤怒，看什么都不顺眼。就这么折腾了几个月后，老洪是真的病了，因为心脏病发作住进了医院。

生活环境、生活规律改变，或是压力增加，人的气血运行就会发生改变，进而出现肝郁气滞的症状，也就容易表现为心烦意乱、爱发脾气或是抑郁状态。刚刚退休的老年人身体和心理都经历着显而易见的退化，他们可能会变得非常敏感，爱猜忌、爱挑刺、爱发脾气。此外，处在生理期、孕期、更年期的人，以及慢性病患者也会因为疾病缠身而变得烦躁、脾气大。因为对外界负面情绪刺激的耐受度降低，他们很容易就被负能量包围，不管别人有错没错，他们就是不开心、不满意、不痛快。

阶段性的负面情绪堆积会导致负能量在短期占据上风，那时候人的眼前就像被蒙上了邪恶的黑纱，透过恶意看别人，人人都很讨厌。而映在他人眼中的自己，也好不到哪里去，可能会变成一个可怕的、暴躁的、神经质的怪人。因为很难正常接触、结交而被孤立，孤独和不被理解的感觉又加剧了怨气、怒气，让人变成了一个与他人情绪交流断裂的心理孤岛。

有方法，不会卡

负能量太多时，先别急着否定别人，你需要先反省自己：

1.焦虑、紧张、愤怒、沮丧、悲伤、痛苦等情绪在一段时间内频繁出现的时候，别急着给身边每个人都扣上一顶“坏人”的帽子。坏人坏事不会消失，但如果你对负性刺激有着较好的耐受能力，它们不会给你带来这么多痛苦。

2.积极情绪在心情中所占比率大幅度降低，很有可能是一些显著地生活和身体状态发生变化导致的，找到这个真正的根源，寻求处理它的方法，情境改变了，心境就会跟着改变。

3.及时刹住抱怨的齿轮，然后给自己找些积极情绪的刺激源，快乐和生气是此消彼长的关系，品味美好，用发现和惊喜替代反复出现的焦躁，不管周围的人和事多讨厌，别去死盯着它们纠缠不清。

7. 不能改变就要学会接纳

《汉书》中有句话说："水至清则无鱼，人至察则无徒。"其意思简单来说就是：河水过于清澈的时候，鱼就没法在其中生存，一个人对社会和他人的要求太苛刻了，就很难交到朋友，没人能完全符合他的道德标准，没人能让他真心接纳和认可。

我们在一个复杂的社会中生活，总会遇到各种各样的人，有很多和我们根本不是同路人，无论是志趣还是性格都不在近似轨道上，甚至格格不入。有一些可能一直跟我们并肩同行，但他们既然活着就会被社会改造，会发生变化，不是所有的变化都在我们的预期之内，尤其是在对私生活的态度上，不同的人会有不同的理解方式。

苏可可一直都觉得女孩子年纪轻轻不好好恋爱，给人家做"小三"、"二奶"是非常不光彩、好逸恶劳、出卖尊严的卑劣行径，那种只能偷偷摸摸存在的地下身份，是对女性人格的贬损。除了少数影视文学作品中的"小三"和"二奶"毫无廉耻观，敢把自己暴露在阳光下，一般的第三者都知道自己在做的事不被社会和他人认可，只能躲在阴暗处暗谋破坏别人家庭。所以在得知跟她从小玩到大，又同在一家公司上班的好姐妹周滢做了她们公司副总裁的"二奶"时，苏可可震惊了，也愤怒了，她看着眼前熟悉的好姐妹，突然感觉她是那么陌生，周滢向她炫耀的那些昂贵的衣服首饰，那辆价值上百万的豪华轿车，还有那名牌皮包，原来都是那个大她数轮的香港老男人给她买的。对于可可强烈抵触的态度，周滢不以为然，她知道自己这个姐妹人漂亮，智商又高，唯一的"缺点"就是太老土，满脑子都是些条条框框的大道理，一点也不开放，不新潮。

周莹这个“二夫人”做得并不偷摸，她一点也不掩饰自己是老总小情人这个事实，相反，她在整个公司呼风唤雨靠的全是这个身份的庇佑。众人皆知她现在是副总裁的心头大爱，撅个嘴、耍个赖，吹吹枕边风就能决定他人的“职场生命”，看不起她的大有人在，但谁也不敢惹她不高兴。苏可可觉得自己可能是最后一个得知这个消息的人，因为之前一段时间虽然听周莹说她交了个大款男友，却着实没有想到那个大款会是本公司的人。周莹成天黏着她，导致其他同事也不会把周莹和老总的事情对她说。苏可可突然想通了为什么同事们越来越少找她聊私人话题，为什么有时候明明看见大家凑在一起说得火热，她一走过去，她们就都收声回各自座位，看她的眼神还怪怪的，恐怕她们把自己当成了同一类人，那些不堪入耳的闲话，是说周莹的，也是说自己的。

苏可可给周莹摆事实、讲道理，想让她悬崖勒马、回头靠岸，可周莹根本不听她那套，反而一个劲儿地用钱财引诱可可，说只要她愿意，马上就能给她也介绍一个香港大老板，家产比周莹这个“老公”的还多，保证可可一步登天，再也不用窝在办公室的小格子间里耗费青春。可可气愤极了，她不知道周莹从什么时候开始发生的变化，为什么会变成这样一个为了钱财什么都不顾的女人。

周莹知道可可厌恶她，却还是黏着可可，因为她只有可可这么一个真心待她的同性好友；可可确实接受不了周莹这副德行，但她也不舍得一下切断两人十多年的友情。这让可可很痛苦，她一边鄙视周莹，觉得她很恶心，一边又苦口婆心地劝她，让她赶紧离开那个副总去过正常人的生活。每次跟周莹因为“二奶”这个社会现象发生争论的时候，可可都觉得内心充满了愤怒，尤其是周莹死不认错，还笑可可人穷志短，死脑筋，可可总会很受伤。加上两人物质生活上的巨大差距，这让可可暗自憋气。

正所谓“人上一百，形形色色”，一样米养百样人，芸芸众生，性情各异，你不可能喜欢每一个人，也无法让所有人喜欢。在现实生活中，对那些我们无力去改变的丑恶，更重要的是学会保持距离地接纳，不过度关注，不跟风咒骂，不让那些污秽的能量过多闯进我们自己的世界。要相信这社会上主流总是好的，人们追求真、善、美，从中汲取幸福的力量，你选择站在光明一侧，就守住自己的界限，对另一侧的人，报以宽容的微笑就够了。

有方法，不会卡

不苛求他人为善，不因世上丑恶动怒，同时也要明白：

1. **接纳污秽跟同流合污可不是一回事**，你会因为那些不好的人和事不愉快，正说明你有着一颗洁净的赤子之心，那是你人生中最值得珍惜的财富，不要因为别人的教唆或引诱失去它，不要变成你鄙视的那种人。

2. 珍惜朋友，哪怕他们走在弯路上，不要动不动就施以否定，尤其是在情感问题、私生活方面，我们不是上帝，没有资格随自己的心意就把别人推上“道德法庭”。

3. 比批判别人更重要的是肯定自己，及时给自己表彰和鼓励，再微小的善行也值得褒扬，这种对自我人格的正面反馈有利于产生更坚定的意志，帮助我们生活在光明美好的世界里，常葆正能量。

◎本章小结◎

以下这些症状中有一半出现在你身上的话，就说明你在情绪紧张压抑的边缘了，如果全都有……负面情绪已经堆积到了不清理不行的地步，别再四处求医问药了，先给心“开药方”吧。

1.家庭不和谐，跟家人闹别扭，对他们失去耐性。

2.在工作单位总是发生不愉快的事，几乎每天都因为他人而生气。

3.不想运动，对其他娱乐项目也没什么兴趣，更愿意“待着”。

4.排斥性生活，对伴侣之间的亲昵互动没有兴趣。

5.情绪低落，心情郁闷，莫名悲伤，干什么都提不起劲。

6.为一点小事大动肝火，焦躁不安，与人较真。

7.无心学习，不想接触新知识，易疲劳。

8.懒得见人，不想结交朋友，对什么都嫌麻烦。

9.不能通过休息调整体况，早上起来仍感到全身倦怠无力。

10.睡眠不深，多梦、噩梦、盗汗。

11.早上不愿起床，不吃早饭，迟到成了家常便饭。

12.头昏脑胀、发沉，总走神，不想处理棘手问题，反应迟钝。

13.肩膀、腰背时有酸痛，头痛或偏头痛，手指痉挛。

14.没有食欲，体重逐渐减少或者正相反，暴饮暴食，体重猛增。

15.腹部鼓胀，腹泻与便秘交替反复出现。

16.眼睛干涩，流泪，眩晕眼花。

17.突然感到呼吸困难或胸闷，莫名心悸。

18.经常感冒、低烧，萎靡不振，长时间不愈。

19.到医院看病，检查不出明确病因，医生说是精神作用。

第六章

Chapter

愤怒时，别失控

情绪不稳定时，怀疑、妒忌、愤怒的火种会将人心里最后一丝理智燃烧殆尽，当心被委屈和不甘填满，脑海被报复和伤害占据，我们就免不了做出极端自私、粗鲁的行为。为了追求那根本不存在的“胜利”，被愤怒情绪冲晕了头脑的人连最基本的因果报应也想不明白，更别提多想一步体谅一下他人的感受。正所谓“磨刀不误砍柴工”，就像砍柴之前要先磨去刀上的锈迹，我们也不要带着愤怒想事情、做事情。人在冷静的时候思路清晰，才能做到深思熟虑，自然事半功倍，三思而后谨言慎行，少出错，更有效率。

1. 别拿别人的错误惩罚自己

俗话说“气大伤身”，生气会加速脑细胞衰老，让皮肤失去光泽、长出色斑，还会导致胃溃疡、心肌缺氧、伤肝、甲亢，频繁发怒严重伤肺，同时还会损伤免疫系统，让人抵抗力降低，容易患上各种疾病。

扪心自问一下，生活中有多少烦恼和愁怨是自己同自己过不去？别人犯了错，别人不讲礼貌，别人不诚信，别人做了伤天害理的事情，这个“别人”还没怎么着，我们自己先气得跳脚，胸口生疼，嘴里恶狠狠地喊着：“你会倒霉的！你给我等着！你会遭报应的！”却没发现，在盛怒之下，伤身伤心首当其冲的是自己，假如对方脸皮再稍微厚点，那受到“报应”的就只有自己了。

关晴是一家小公司的职员，虽说头衔是“行政主管”，但是因为公司规模小，行政财务的事情分不了那么清，跑银行、跑税务、跑社保、跑工商局、跑电话局和其他日常杂务都由她一个人来做，听上去工作内容不少，但还是那个原因，这个私人小公司规模很小，所以行政财务和人事的活儿都加起来也并不多。

最近发生的一个意外情况打破了关晴规律的工作节奏。她们单位作为鉴证咨询服务业，要参加全市范围内的营业税转增值税试点，这个事说简单了，就是从缴地税变成缴国税，按照国家发布的步骤一步步做即可；说难了，地税国税两头跑，填了A表填B表，也是十分复杂。而关晴他们单位在几年前颁发税号时不知怎么搞的多写了一位数，计算机系统不能识别，只能先去地税注销了税号，再重新申请一个，然后重新办理营业税转增值税的一套手续。这样描述起来看似不难，但实际上这就意味着关晴要在寒冬腊月顶着寒风再跑十几趟主管税务机构。其中最让她痛苦的却还不是两头跑的辛苦，而是税务服务窗口的一些工作人员服务意识不强，有个别人员办理手续时脾气非常暴躁，态度非常恶劣，说话非常刻薄。

这天外面刮着五六级大风，关晴带着一大摞资料赶到地税所，找到她们公司的专管员咨询税号错误的解决办法。那位孙专管员举着电话有说有笑，一听就是与工作无关的私人电话，见他聊得欢，关晴也不敢打扰，只好静静地站在一边等待。等孙专管员聊够了，放下电话才头也不抬地问她："你什么事？"刚才那副兴高采烈的样子瞬间消失，冷冰冰的口气甚于窗外寒风，关晴赶紧说："是这样，我们单位办理营转增手续时候发现税号错了，不改成标准位数计算机系统不认，所以我想……"她话还没说完，孙专管员就吸了一口气冷笑一声说："什么错了？说话能过过脑子吗？什么叫税号错了，你们公司正常报了好几年税了，什么毛病都没有，怎么你一来就出毛病了，税号没有错不错一说，不懂别瞎说话！"关晴被他噎得一愣，她解释道："国税那边说他们的系统只认标准位数，要不然开不出发票，我对照了组织机构代码证，税号后几位理应与那个号一致，可是我们的确是多了一位。"孙专管员见她这么说，不耐烦地回答："谁说有错你找谁改去，国税说有错，你让国税改，我这不管！"关晴被他气得肺都要炸了，但又不敢发作，只好咬着嘴唇出了他的办公室，转而去往国税。到了国税，那边的服务人员态度倒没多差，只是事不关己地说谁颁错税号谁去改，国税管不着。就这样关晴又被踢回了地税，百般央求之下孙专管员才磨磨唧唧地告诉她，自己上官网搜办理方法和所需表格，都填好了再办。

关晴这叫一个气，她一边哭一边返回公司，下班后回家连晚饭也吃不下，见人就大骂那个可恶的专管员。可以预想，此后漫长而烦琐的办理过程，她都要在这种极端愤怒又只能含恨忍耐的负面情绪中度过了。

德国哲学家康德有一句名言：生气是拿别人的错误来惩罚自己。这样的道理讲出来一点也不难理解，但在现实生活中，这样惩罚自己的人却屡见不鲜，一心一意爱着对方的时候却遭遇恋人劈腿、爱人出轨，终日以泪洗面，咒骂对方也仇恨整个世界；踏踏实实工作的时候，被上司欺负，被客户刁难，被同事冷落，烦闷憋屈、愤愤不平；跟家人、邻里之间出现了误会，因为那些鸡毛蒜皮的小事生一肚子气，争吵不休……

不管错在谁身上，你生气了，气得不知道该怎么表达自己的委屈和伤心，所以吃不下饭，所以睡不好觉，体内毒素随着坏情绪滋生不要用残害自己的方式来证明对方的罪过，我们左右不了别人的想法，就算你气出癌症来也证明不了别人的错。

有方法，不会卡

不生气，不拿别人的错误惩罚自己，你可以从这些做起：

1. 感觉到不爽的时候及时提醒自己：管他谁的错谁该受罚，就是不让自己心里的小别扭发展成大脾气，**一定要在3分钟内浇灭怒火**。

2. **愤怒是癌细胞的肥料**，被怒火侵占的肌体是各种疾病的温床，人人都知道健康的重要性，不惜花重金去求医问药、购买补品，一生气，全都白费了。

3. **别人的错误就让他们带着吧**，谁也不是圣人，你恨他们，希望他们遭到报应，最好的方法就是对着他们干的蠢事微笑，你没有义务提供逆耳忠言，没有义务用自己的盛怒去刺激他们悔改，早晚有他们栽大跟头那天。

2. 换位思考才能理解他人

换位思考，是人对人的一种心理体验过程，发端自人类心理机制的“共情”功能，这一功能正常运转的人，在人与人交往中保有一种积极的感觉能力，亦是一种能设身处地为他人着想的理解能力，也就是俗话说的“将心比心”。

能够设身处地做换位思考，是达成理解不可缺少的心理机制，成熟的社会人不仅要向内看到自己的需求，更要向外关注他人的感受，那不是一种奉献，更不是吃亏，而是对自己的保护和帮助——只有学会站在对方的立场体验和思考问题，才能在情感上得到沟通，减少矛盾分歧，奠定相互理解和接纳的基础，最终有利于问题的解决和目的的达成。

贾悦是一个热衷于网购的时尚“宅”一族，上网十余年，经历了中国网购从兴起到兴盛的整个发展过程，要是以他每月的成交量和消费量来看，绝对是中国几大网上商城的VIP客户。

网购方便快捷，好处很多，但有时候也会遇到“隔山买牛”买不好的情况，退换货操作起来比较麻烦。随着网商的运营越来越成熟，越来越专业化，对消费者的保障日趋完善，连退换货也不再是什么难事，唯一困扰贾悦这种“铁杆网购狂”的问题就是快递不够快了。加上贾悦他们家有点特殊——他家位于一个老旧小区的板式居民楼里，小楼一共6层，他家住顶层，因为是比较老旧的建筑，楼层也不高，当初设计时就没有电梯。这也是贾悦偏爱网购的一个重要原因，六层说高不高，但扛着大包小包往上爬可不轻省。

自从网络上也有了超市，贾悦的购物范围又拓宽了，柴米油盐酱醋茶，什么都在网上买，特别是瓶装饮用水、果汁饮料和可乐啤酒，以往都是从超市零散地买，现在网上买整箱还有折扣，可把他乐坏了。尤其是到了夏天这个大量需要饮料啤酒的季节，他鼠标轻轻一点，坐在家里就能等着吃喝上门，当天下单，次日到货，又快又省心。

但是这样买了几次之后，贾悦注意到给他们家送货的快递小哥态度越来越差了，之前还笑呵呵地让他签收，后来把东西狠狠撂下，话都不多说一句，脸上明显有不高兴的表情。虽说贾悦买的是商品，不是快递送货员的笑脸，但送快递的每次都跟有深仇大恨一样对他，让他非常不自在，为此他还打了售后服务电话投诉那位快递员，网站对快递员进行了调换。那人第一次给贾悦送货，就口气不善地对他说："你们这没有电梯，干吗一次买这么多东西，你这一单我们送上来只能挣3块钱，要不你拆成几单买，让我们也赚一些，真快累死了。"贾悦嘴上哼哼哈哈地应承着，心里却暗想："多下几单？我要不凑够了一定钱数就不能享受满额折扣，要不是为了凑单得实惠，我还不至于买这么多呢，管你送货赚多少钱，你就是干这行的，还不想受累搬东西，有本事别送快递啊。"

贾悦一如既往地在网上成箱买啤酒饮料，跟快递员之间的不愉快时时惹他不爽，却也只能忍着，直到有一天，贾悦自己做了一回"快递员"，彻底改变了他的想法和态度。贾悦他们公司是私企，他是老板的助理，免不了在工作之外为老板做些私人事务。这天，老板从外面打电话给他，跟他说自己车里有些酒水饮料，让他赶紧开车给老板娘送过去，那边急着用。贾悦拿着老板的车钥匙，开着车就到了老板家楼下，停好车打开后备厢，他可傻了眼，一箱可乐，一箱啤酒，还有红酒4瓶，橙汁、椰汁、酸枣汁两大兜，矿泉水两提。这样的量，基本赶上他每次网购的数量了，贾悦在老板娘的催促下搬着这一大堆东西往老板家走。因为东西太多，一次肯定拿不了，他只好先拿几样走几步，回来再搬几样，换着往前蹭。到了楼下他终于明白老板为什么支使他帮忙送一趟了，老板家这个楼的电梯停机检修，贾悦只能拖着东西爬到7层。因为是高档小区，没有4层，也就是说老板家跟贾悦自己家一样住在6层，他呼哧带喘地一层一层搬上去，汗湿了衬衫，手腕都快断了。敲开老板家房门，老板娘穿个睡衣迎出来，又让他把东西都搬进屋里，轻描淡写一句“谢谢啊，你赶紧回去吧”，就关上了房门。

贾悦皱着眉头，一言不发地下楼开车，他不是因为老板娘的态度生气，而是想到了那些给自己家送货的快递员，他们脸上的表情，与其说是“态度恶劣”，不如说是对贾悦无声的埋怨。己所不欲勿施于人，酸痛的肩膀和满头热汗告诉他，他错了。虽然在买卖行为上挑不出毛病，但他的良心知道，自己不顾别人感受，还总生气耍脾气投诉快递员，简直是个讨厌的自私鬼。

换位思考，低层次要做到的就是一碗水端平，对人对己同一标准，不能一味地对别人高标准、严要求，甚至是苛求，只要一点不满足自己，不管人家是不是有困难有苦衷，就视作仇敌，不给好脸。高层次则是宽人严己，对别人说得不好、做得不到的事情，该提出来的就提出来，如果无伤大雅，则提都不提，察觉到有什么隐情，还能主动帮助别人，广结善缘。

有时候一些觉得忍不了的事，在了解了前因后果之后，就变得很好理解了，别人为什么迟到，别人为什么说话不算数，别人为什么没有提供让你满意的服务或者商品，在发怒和指责之前，多问一句为什么，就能免去很多事后的麻烦和悔恨。同一件事，如果换作你，处在对方的位置上，是不是就一定能做得比人家周到，是不是就能满足所有人的要求？如果不能，你又有什么理由揪着别人的言行不放，还总觉得自己吃了亏？

有方法，不会卡

谁也没有逼你去体会他人的感受，但不会做换位思考的人会被看作：

1. 自私鬼。在诸多性格上的缺点中，最让人难以忍受的就是这一点。对6000位适婚年龄的单身男女进行调查显示，婚恋对象性格特征中最不能接受的一点就是自私自利，以自我为中心，自私的人走到哪里都不受欢迎。

2. 惹事精。明明是一两句话就能解决的事，最后发展成穷吵恶斗、大打出手，甚至闹出人命，因为只想到自己，不管别人怎么样，自认为被冒犯了，吃亏了，就要报复回来，那样的“混世魔王”，人人避之唯恐不及。

3. 受气包。因为对自己的感受太过关注，自己的所失所得都被无限放大，活在自己世界里的人很容易产生负面情绪波动，别人的死活他们不介意，他们的喜悲却要求别人放在心上，想想也知道不可能，所以总在难受总在愤怒，迟早要憋出病来。

3. 无谓的冲突最愚蠢

回忆一下自己的生活中有没有出现过这样的片段——办事过程中有些障碍，可能预示着事儿办不成了，功夫白白耗费了，让你心烦意乱。而跟你合作或为你服务的人某些言行明显激起了你的怒意，本来事情就已经够闹心了，还遇上态度不好、不会说话、手脚不麻利的人，你突然觉得一切的不如意都是他们的错，如果不好好教训他们，如果不大吵一架，心里的火气就没处撒，所以你发怒了，你急了。没想到对方也不是吃素的，你生气，他比你还生气，你骂他，他还打你呢。结果你们因为一句话或一个眼神就拉开了对战的架势，争吵的内容跟开始想要达成的目的已然无关，只是这个人，你忍受不了，你不能就那么忍气吞声地离开，非要大闹一场。至于狂躁发作后会是什么结果，失去理智的你已经控制不了，也没空去深思熟虑了。

正常人不可能从不和谐的人际关系中得到享受，也不愿被人厌恶、怨恨和攻击。一时怒意引起的无谓纷争，可能会带来持久的负面情绪体验，让你更加难受，随之而来的，可能还得承担法律和道德层面的惩罚和谴责。

这是一个真实又残酷的案例，故事发生在四个在读研究生身上，刘军、李力荣、小凌、小希从本科起就是同班同学，刘军和小希已经是男女朋友，李力荣则正在追求小凌，刘军与李力荣住在同一宿舍，小凌和小希则是老乡，也是形影不离的闺蜜，这四个人关系亲密的程度可想而知。

为了追求小凌，李力荣可是绞尽了脑汁，刘军和小希都知道小凌对李力荣一点儿也“不来电”，她高挑的身材和漂亮的脸蛋在整个校园中都十分出众，吸引了许多优秀男士的眼光，在一干追求者中，李力荣除了是她的老乡和同学外，丝毫体现不出其他优势。一个火热的7月，结束了期末考试的四人决定找个地方好好放松一下，刘军给李力荣出主意，说让自己女友小希鼓动小凌跟他们一起去夜店，喝点儿酒，借着昏暗暧昧的氛围对小凌表白示爱，要充分展现出男人的野性，一举将她俘获。

就这样，4个年轻人来到了当地一家规模很大、很有名的俱乐部喝酒跳舞，当晚，小凌化了妆，穿着性感惹火的贴身衣裙，一进到俱乐部里，就又被狂蜂浪蝶包围。刘军和小希见事情变成这样，李力荣根本没机会好好表白，也是十分替他着急。3个人左一杯右一杯猛灌酒，在小凌婉拒了不下10次搭讪之后，李力荣终于逮住小凌去洗手间补妆的机会单独冲到她面前，借着酒劲进行了大胆表白。他也没听清小凌怎么回答的，激动之下冲上去抱住小凌就想亲，小凌哪肯就范，挣脱他的怀抱抬手就是一记耳光，打完他之后羞愤地骂道："你发什么疯！我说了不行！你这样跟地痞流氓有什么区别！"望着小凌走开的背影，李力荣脸上的表情变得狰狞起来，那窈窕身姿在他眼里点燃了仇恨的火焰。

李力荣洗了把脸往座位上走时，看见小凌正在和一个相貌英俊、穿着时尚的陌生男子说话。与刚才对自己鄙夷又厌恶的表情不同，现在的小凌脸颊绯红，含羞带笑，旁边的小希和刘军也是一副热情的样子围着那个男人说笑。等他走近了才发现，小凌竟然双手握着那个男人的手摇来摇去，一副撒娇小女孩的样子！他默默爱了三年多的女人，刚刚抽了他一记耳光，骂他流氓地痞的女人，已经是别人的人了……李力荣越想越愤怒，越想越不甘心，眼泪已经滑落脸颊，都说男儿有泪不轻弹，只是未到伤心处，他是真的伤透了心。在愤怒和酒精驱使下，他鬼使神差地拿起了手边的一个空酒瓶砸在桌子上，拿着尖利的"瓶叉"径直冲向了小凌和那个"奸夫"，一番乱捅乱划之后，满手是血的他才被赶来的俱乐部保安制服。

小希和那个连名字都不知道的男人被李力荣扎断了颈动脉，当场失血过多死亡，刘军左手肌腱被割断，身上多处刺伤，而小凌则被伤得更重，虽然经抢救保住了性命，却被毁容了。后来从公安人员口中李力荣才知道，那个被他当作奸夫扎死的年轻人其实是小凌家远房亲戚，论辈分是她的表舅，俩人在远离家乡的地方不期而遇，格外惊喜，小希和刘军更不是“倒戈”向李力荣的情敌，而是在和好友家的长辈亲人热情攀谈。

只要再忍耐十几秒，只要走过去问明情况，只要还有一丝理智存在，李力荣都不会因为这种莫名其妙的误会就犯下这令人发指的罪行，两条无辜性命因他的狂怒而殒殁，最爱的女人因他的疯狂不得不承受面目全非的痛苦，他自己也将走向刑场接受极刑。

有些代价可能需要用一生去悔恨，在冲突中，不管是谁给恶性互动开了头，都会害得双方甚至多方去承担消极的后果。最可怕的不是战争，而是鸣锣开战的原因并不值得，我们基本处在祥和、安稳的环境中，有多少人值得你用自由和生命做代价去攻击，有多少事值得你用好的心情做代价去较真？

再回忆一下，每当你因无谓的冲突与人对骂、斗殴，事情的结果是怎样的？如果你还能想起来开始是在办什么事——真正想办的那件事，事情办成了吗？在想起那些不那么美好的片段时，不管是不是取得了“胜利”，是否还残留有负能量的痕迹？那些负能量可能毒害着你，裹住了你前进的脚步。

有方法，不会卡

无谓的冲突最愚蠢，不做恶性互动的发起者，你要明白：

1.纠结时对事不对人。事情办得不顺，发展不如你所预期，很难不去琢磨到底是怎么了，那就把琢磨的重心放在事理上，哪怕对方真的是人品有问题，也不会因为你大发雷霆就瞬间变身成完美的好人，你的怒火只能灼伤自己。

2. **不要让“眼见为实”蒙蔽你的理智**。你不是神，不可能一眼就看清世界的全貌，多些调查了解总是好的，问清情况之前先炸毛发飙的人根本没想解决问题，那是单纯的抽风。

3. **对恶果多想三步**。读读《治安管理处罚法》和《刑法》，看看那些因为鸡毛蒜皮小事引发的流血冲突案例，如果知道一句脏话可能害得自己家破人亡，一时冲动可能带来半生牢狱之灾，下次动粗前恐惧的力量会帮你及时停下来。

4.伤人的话，一句也多

友情、亲情和爱情，都是人类最美好的情感体验，构成了人与人之间最基础的亲密关系。拥有成熟亲密关系的人生活更幸福，内心更充实，更容易感知周遭的正能量，更少忧郁和孤独，他们可能没太多钱，却更加快乐。若问什么样的人擅长建筑持久的亲密关系？你可能会想到，那些人都是善良、热情、慷慨、温柔的好人；也可能想到，他们都是有心计、知进退、懂礼节的聪明人。这些都不假，那么什么样的人最难得到持久的亲密关系呢？与刚才提到的那些人相反，内心险恶、斤斤计较、内向冷淡、不懂怎么讨人欢心、脾气不太好的人是不是必然就易伤害亲密关系？

消极的性格特征确实会给亲密关系的构建带来困难，但那些并不会必然导致人们易伤害亲密的家人、友人和伴侣，因为在长时间的共处和交往中，有瑕疵的人也能找到自己的幸福，俗话说“萝卜白菜各有所爱”就是这个道理。真正能起到“一击必杀”效果的恶习其实是——口不择言，出口伤人。

胡佳是个热情豪爽的山东妹子，优点很多，如聪明、勤快、上进、多才多艺等等。缺点不多，对她生活影响最大的一个就是脾气急，急起来便口无遮拦，就这一个缺点，给她的生活造成了很多麻烦，让她很难和周围的同学、同事变成更进一步的好朋友。

大学时代，胡佳跟同宿舍一个叫张玫的女同学关系很不错，俩人都是大大咧咧的直肠子，平时一起上课，一起吃饭，也一起出去逛街，友情像一颗小树苗那样慢慢滋长、壮大，但这份美好的友情却因为一件小事彻底画上了句号。

这还要从张玫的身世说起，张玫是个苦孩子，她很小的时候母亲因为嫌弃她父亲家里穷，就带着她的哥哥改嫁到外乡了，从那时起杳无音讯。张玫的爸爸受了极大的刺激，进城打工常年不再回家。她跟着年迈的爷爷奶奶一起生活，懂事要强的小张玫没有因为失去父母的爱而放弃努力，她承受着一般孩子难以想象的艰苦，繁重劳动之外还刻苦学习，最终以优异的成绩考进了城里的大学。她很珍惜自己和胡佳的友情，把胡佳当作姐姐一样信赖。

情人节这天，胡佳的男友送给胡佳一个非常精致的八音盒，她把这个价格不菲的宝贝放在宿舍，抱着一大捧红玫瑰就跟男友出去吃甜蜜晚餐了，吃完饭俩人又去KTV通宵唱歌，到了第二天早晨才意犹未尽地返回宿舍。打开门进到屋里，舍友们都出去吃早饭了，没有人在。胡佳忍着强烈的困意，想再摆弄一下那个没来得及细看的八音盒，却发现走时放在桌上的八音盒不见了。她环视四周，发现八音盒就躺在张玫的床上，她想一定是张玫也很喜欢拿着玩来着，便走过去想拿回来。拿起来才发现，八音盒已经损坏了，明显是被摔过。精致的玻璃表层被摔碎了，里面的簧片和木头都摔了出来，她轻轻一提，那些破碎的部分就哗啦啦掉落在张玫的床上。胡佳感觉自己的脑袋嗡地一下，怒火冲上头顶，她真想立刻把张玫揪出来大骂她一顿。

正在这时，张玫和其他四个女孩吃完早饭都回到了宿舍，一进门就看见胡佳抱着八音盒的残骸坐在自己床上。她快步走过来似乎想解释什么，但胡佳却突然狠狠将八音盒的残骸砸向她脚下。这一扔让所有人都吓呆了，紧接着胡佳声色俱厉地对张玫吼道："你妈没教过你别人的东西不能随便动是不是！我怎么得罪你了你要把它摔坏！你知道这个八音盒是多少钱买的吗！他从法国给我买的，摔坏了你赔得起吗！我真没想到你是这种忘恩负义的人！从今天起，我胡佳不认识你张玫！"她话音刚落，站在一旁的李娜就冲上来说："胡佳你瞎说什么呢！八音盒不是玫玫弄坏的啊！隔壁宿舍的张珍昨晚上过来找你，见你不在就拿起这个八音盒玩，失手摔在了地上。当时玫玫都不在屋里，后来她回来了打着手电找了一个小时才把所有的碎片捡回来，她想给你拼上，你这么说她，你，你才是忘恩负义！”胡佳张大了嘴巴愣在原地，她想喊张玫，却看见她满脸的泪水和悲伤欲绝的表情，张玫没有说话，转身走出宿舍，其他的女孩都跟着她出去了，留下脑袋昏昏沉沉的胡佳站在原地。看着满地八音盒的碎片，她知道自己犯了无法挽回的大错，比法八音盒更珍贵的宝贝就在她不分青红皂白地暴怒中碎掉了。

人际交往中，别人喜欢或者憎厌你，跟你亲近还是疏远，是由你的社交水平、品位以及为人处世的方法所决定的。也许你是个外表靓丽的人，你学识渊博、能言善辩、谈吐不凡，可是仅仅拥有这些，也不一定让你成为一个受欢迎的人。一年365天，其中364天都你都能克制自己的坏脾气，努力讨人喜欢，跟人和谐相处，最后一天出口伤人，一下子揭开了别人心里的伤疤，那之前所有美好的东西都会被蒙上阴影，亲密的关系也会出现裂痕。对方宽恕你，那是天大的幸运，却不是理所应当的事情。

人在盛怒之下最本真的条件反射就是尽量说重话、说狠话攻击对方，舌头柔软无骨，却能说出比利剑钢刀更伤人的语言。如果放任这种破坏性冲动，对激烈的负面情绪不加克制，说出去的话就如泼出去的水，覆水就难收了，恶语造成的伤害不可能通过一句“对不起”轻易抚平。现实生活中，许多因词不达意、语言尖刻抑或“刀子嘴豆腐心”而惹人生厌者比比皆是，不管你本身是个多么好的人，得到一段长久的亲密关系都比登天还难。

有方法，不会卡

为避免出口伤人损害与他人的亲密关系，你必须做到：

1.**杜绝语言暴力**。说话前三思而后“语”，别拿“心直口快”当褒扬，想到什么说什么的是婴幼儿，成年人应该有最基本的加工、修饰语言的能力，那不是虚伪，而是懂得尊重和保护他人的教养。

2. **盛怒之下先闭嘴**。在气头上的时候你根本无暇顾及什么该说什么不该说，那就干脆闭上嘴巴，离开让你情绪崩溃的场所，做些别的事，不管什么事，尽管去做。越是激烈的负面情绪越难以长时间停留在峰值上，过一会儿你就会平静下来，冷静了再去解决问题。

3. **万不得已发生了言语冲突，绝不要扯涉及对方隐私的事**。出于信任，一些人跟你分享了他们心中深藏的秘密，那等于是将一把尖刀交在了你手上，珍重这份信任，绝不要用这把刀攻击对方，除非你是真的决定断绝你们的关系。

5. 遭遇挑衅，愤怒就是上当

遇到有人故意找茬、出言挑衅的时候，该怎么办？容易想到的是对方有毛病、很讨厌，随即心里的怒火也烧起来，胆子小的生一顿闷气，胆子大的直接就跟人家吵架、打斗。其实不管是生闷气还是吵一架，都是跳进了对方的“陷阱”。你赢了、输了，都不重要，在那几分钟或几个月的冲突时期里，原本安稳平和的步调被打乱，你只能以对方为中心活着。

被激起怒意的人分辨力下降，智商也会大幅度降低，肾上腺素大量分泌，注意力向着冲突的焦点集中，很难再顾及其他重要的事情，最直接的恶果就是沉浸在负面情绪中难以自拔，还有可能成为骗子们设局的目标。

方芳和小飞夫妻俩进城打工干了七八年，终于用攒下的积蓄在城里开了一家小小的手机店，平时方芳看店，小飞去上货，夫妻搭配，把小店运营得很好。除了卖手机，小飞还会维修手机，再兼卖一点零碎周边、配件产品，生意红红火火，他俩的日子也过得很好。

开过店的人都知道，有一种人是所有小老板都又怕又恨的，那就是贼。遇到小偷“光顾”，若偷的是手机链、手机壳、保护膜等小配件时，损失可能也就几十元；被偷的如果是手机，一下可能损失几千元甚至上万元，几天都赚不回损失的钱。方芳和小飞都明白贼的危害，平常也很注意保安防范，还给每台样机都安装了防盗弹簧链，但是这天他们还是掉进了贼设下的局，损失了两台最新款iphone手机。

周三的上午店里一般没什么顾客来，小飞去找其他卖手机的小店主打牌聊天，方芳自己留在店里一边看连续剧一边照看生意。这时，前后有四位顾客走进了店里，先进来的是个中年男人，穿金戴银，一看就是位有钱的老板。他进来就要方芳给他拿一黑一白两个iphone手机，说是要给闺女和儿子一人买一个，方芳有些为难地说，柜台上有样机，新品都在柜台里，不能拆开包装看。那个老板有些不乐意，他掏出一摞人民币“啪”地摔在柜台上，对方芳说：“妹子，你是觉得我买不起怎么地？我今儿肯定买，要不你先把钱收了，我看东西没问题就拿走。”正在这时候，又进来了一个贼眉鼠眼的小青年，染得五颜六色的头发，叼着根烟，一下就引起了方芳的注意。她看那个老板把钱都掏出来了，这个大买卖不能放过，便给他拿了两个手机，转而去招呼刚进来的男青年。那个男青年问了几个方芳没听说过的型号，见店里都没有，就骂骂咧咧起来。方芳还没来得及跟他理论，从门口又进来一对小情侣，那个女的一进门就把一个手机摔在方芳面前，开口就骂：“无良奸商！修手机时动手脚，我这新买的机子被他们家整坏了！老公，就是这个奸商婆子！”方芳从没见过这个女人，也没见小飞修过她的这部手机，便解释道：“这位小姐，您是不是记错店铺了，我们家没有为您修理过这部手机。”那个男青年见方芳“不认账”，冲过来就推搡她，嘴里还不干不净地骂着。旁边那个流里流气的小青年看这对情侣一唱一和的骂得欢，也凑过来搭腔：“我就说这家店不正规，问什么型号都没有，原来是家专门骗人的黑店，黑寡妇开店，谁来谁倒霉啊！”方芳又急又气，心想，就算真是自己老公把他们的手机修坏了，大不了赔她一个，至于堵在店里骂得这么难听吗？她在外闯荡多年，能开起自己的店，自认也不是什么柔弱女子，看对方欺人太甚，她也火了，一边跟那个女顾客拉拉扯扯一边对骂。也不知怎么的，从店里就打到了店外，几分钟后那对情侣落败，喊着：“你给我等着！”方芳终于出了胸中一口恶气，心想，跟老娘这碰瓷，也不看看我姓方的是什么人物，怎么可能凭白受你们欺负！

回到店里，方芳使劲喘着气走进柜台里面，坐定了、消气了，才突然想起刚才那个要买两个iphone手机的顾客，可那人早就不见了踪影，跟他一起消失的还有那两台价值不菲的新手机。

方芳的遭遇在许多连偷带骗的治安和刑事案件中很有典型性，通过攻击对方的情绪，扰乱其心智，让被挑衅的人失去冷静的判断，从而犯下低级的错误，这种方法说小了叫“手段”，说大了就是“战略”。被骗的人起初还只是因为莫名其妙被找茬生气，之后发现更大的损失时就会像被一盆凉水从头浇到脚，会更愤怒、更崩溃，但受害者却很少能及时反省自己。如果在被挑衅之初能不急不躁，冷静处置，是不是就能避免更大的损失。

比起故事中方芳的财物损失，更严重的是她的心情，愤怒的情绪在她脑海里盘旋，她刚刚很激烈地与人争吵过，那让她心跳加快，血压升高，甚至头疼。结束了争吵，她猛然惊醒，原来由于自己的不小心，丢失了大额商品，对自己的负面评价瞬间占据了她的思维，懊恼、羞愧、委屈以及丈夫的责骂持续困扰着她，这种内外夹击的折磨让她如坠地狱，为了平衡情绪，她只能寻求其他途径去填窟窿，稍有不慎事情就会像乱麻那样继续缠绕恶化。

有方法，不会卡

遭到挑衅就立刻还击，别人凶，你更凶，带来的恶果就是：

1.失去理智、控制力，把你变成一个疯子；失去判断力、知觉力，把你变成一个傻子。

2.远离平和与安乐，被人牵着鼻子走向他们设置的“地狱”，看见有人乖乖往别人挖好的坑里跳你会觉得很可笑，其实愤起还击的同时你就在做同样的事情。

3.**掉进坑里容易，再想爬出来可就难了**，毕竟争吵是双向的，“杀敌一千，自损五百”，别指望你能全身而退。情绪被负能量浸染后，在一段时间内都会保持消极的色彩，自己难受，亲友也跟着遭殃。

6. 应对愤怒的态度展现一个人的理智程度

人类的四大基础情绪——喜、怒、哀、乐中，属于积极情绪的喜乐不可能占满人生的全部，虽然我们想尽办法压缩愤怒和悲伤所占的比例，给自己找乐，帮自己变得愉悦，但只要是心智正常的人，总会体会到“不高兴”这种恼人的感觉。理智在这种时候会发挥作用，通过对自我的教育和调节，让我们冷静下来，放弃发怒，暗地里消解愤愤然的情绪，而一个人理智的程度，正是要靠掌控怒意的能力来体现。

李丹从原来工作的小旅行社跳槽，打算应聘一家大型旅游公司的大客户服务专员职务。这天，她惊喜地收到了这家大公司的面试通知书，上面写着，公司看了她的简历和生活照，认为她形象气质俱佳，工作经验丰富，业绩傲人，给该公司留下了深刻良好的印象，所以请她于下周二早晨7点到位于市中心的公司总部大楼一层前台处报到，接受面试。李丹欣喜之余有点诧异，早晨7点面试？这可真够早的，一般的公司怎么也得8点半以后才上班，自己应聘的这个岗位则是上午10点才开始工作，怎么面试安排得这么反常呢？不过既然人家这么安排了，必然有其理由，自己作为应聘者，没什么好挑剔的，7点就7点吧。

终于到了周二，李丹早晨5点就起床开始梳妆打扮，为了避免迟到，她特地打车前往，早晨的路上没什么车，很好走，结果她6点半就到了。大楼的大门还没开，李丹就站在楼门外等，边等边温习自己准备的自我介绍材料。就这样站了半个小时，好不容易等到7点大楼门开了，李丹生怕迟到，赶紧冲进去找到前台。可是一位热心的保安告诉她，前台要8点半才会来人，9点正式上班，她来这么早，不可能有人给她面试。听见他这么说，李丹心里有点别扭，自己收到的通知邮件里确确实实写的早晨7点啊，现在这样没人搭理，只能在大厅里干等算怎么回事。不过她转念又一想，也许是负责发通知的人一时疏忽写错了，谁都有犯错的时候，兴许就赶巧把9写成了7，既然都来了，那就慢慢等吧。

7点到9点还有两个小时，这漫长的时间总得干点什么打发过去，她便和那位热心的保安聊起天来。8点钟大楼结束了第一次晨间清扫，一位保洁员大姐忙活完了也走过来加入了他们的闲聊。3个人聊公司，聊行业，聊在这里工作的人，聊李丹的面试，说到被错误通知害得干等这么久这件事，保洁大姐直为李丹鸣不平，她气哼哼地说："发通知那人没长脑子，这都能弄错，你说大冬天的你天没亮就过来等着，我跟你说，9点他们才开始上班，等排上你面试还不知道要几点了，你可真是可怜！"李丹则笑笑说："看您说的，我又不是国家主席，时间没那么金贵，现在看来确实是通知写错了，不过幸亏他们写错了，咱仨才能认识在这聊天呢，回头我把电话给您二位留下，不管最后我能不能在这工作，咱们都交个朋友，您二位有什么需要就联系我，我就本地人，朋友多，说不定哪天能帮上啥忙呢。"听她这么说，保洁大姐和保安哥都笑了，3人又闲扯了几句，前台终于来人了。

漂亮的前台接待小姐核实了李丹的身份，又问了问一些基本情况，就告诉她，面试结束了，请她到17层人力资源部大会议室领取面试结果。这可把李丹吓了一跳，什么意思，跟前台小姑娘说了没几句就结束面试了？难道这就是传说中的"陪面"，她想自己可能作为炮灰给内定人员当了回凑数的陪考。

不过她还是微笑着告别了前台小姐，登上了去往17层的电梯，不管是什么结果，既然来了就好好把过程走完，自己是认认真真前来应聘的，要对得起自己。抱着这样的想法，她敲开了那个大会议室的门，走进会议室内，李丹惊呆了，坐在主考席上的人力资源主管正是刚才那位保洁大姐！只不过换上了整齐优雅的正装，她身边的主评审则是那个热心的保安哥。李丹一下想通了，怪不得那俩人一大早不在自己岗位干活，凑过来和她聊天。毫无意外地，李丹成功得到了这个让许多人梦寐以求的“金饭碗”，后来她听“保洁大姐”说，大客户专员难免遇到客户的刁难和挑剔，就算确实是客户不对，作为服务者的专员也不能生气发脾气反唇相讥，理智的忍耐和更细致体贴的服务，才能赢得客户的肯定，他们需要的就是李丹这样心宽又温和的人。

路宽不宽，先要看心宽不宽，成功的机遇多不多，先要看心底的理智够不够。越是重要的岗位越是需要情绪稳定的人执掌权力，压不住怒气的人常常会因小失大，将事情扔一边，先照顾自己阴晴不定的心情，终究难担大任。

理智和成熟是一对双生子，当人长大成熟起来，理应更加懂事，知道控制情绪，但就如天下的庄稼不会在同一刻成熟，同样年龄的人由于各自生长经历不同，也会有早熟晚熟之分。人们把更多成功的机会给了那些先他人一步了解理智重要性的人，把更多幸福的机会给了那些懂得如何掩饰或消灭“不高兴”的人，不管你愿意不愿意，如果做不到这一点，你就是还没有长大，不能称为一个成熟的社会人。

有方法，不会卡

怎么做才能理智地应对愤怒？我想你可以尝试如下方法：

1. **感觉不高兴的时候从事情的反方向开解自己**，不管多坏的情况，也只是相对而言，世上没有一丁点儿好处都没有的事情，你需要做的是逼着自己去发现。

2. **准备发怒大闹之前无论如何也要找个洗手间**，进去对着镜子看看自己的脸，看那张扭曲的脸，那双失去了焦点的眼睛，不想被人当成怪物躲避，就别把自己变成一头发疯的熊。

3. **就算装也要装得宽厚、温和**，谁都喜欢宽厚温和的人，被他人喜欢是得到他人援助的前提，得到越多的喜欢和援助，你就越容易成功。只要走上良性循环的轨道，就不难发现“不生气”的妙处，再也不会乱发脾气。

7. 从容面对生活中的“恶心”事

每个人在生活中都难免会遇到让自己心里不舒服的“恶心人”和“恶心事”，有时这种负面的刺激来自一些自发的事件，有时则是来自某个特定的人。同时我们必须承认，自己的言行，自己做过的事，不可能每一桩每一件都令周围的人满意，恐怕我们自己也都“恶心”过别人。面对那些“恶心事”，多一分宽容，多一分理解，不纠结、不较真，是放过别人，更是放过自己。

从容面对生活中的恶心事，宽容能帮我们远离可怕的“垃圾人”，保护我们美好的生活不因为他人身上的“恶”被粉碎。

因为跟男友闹别扭，朱姝独自开着她的大路虎跑出来购物散心，到了购物中心却发现地下停车库已经满了，她只好绕到稍远的一条小岔路里，把车停在小马路两侧。她一边祈祷着交警不要给她贴条，一边溜溜达达往购物中心走，买了几件新衣服，两双新鞋，钱花得差不多了，她的气也差不多消了，买了一大杯芒果奶昔美美地喝着准备回家。

走到车旁，朱姝看了看车身，没有任何罚单，她心里暗喜，赶紧钻进车里想启动离开。可这时车前突然冒出个穿着停车收费员背心的男人，那人示意她交停车费，朱姝摇下车窗对他说：“师傅，您是哪家收费的啊？这条路两侧禁止停车，牌子在那立着呢，怎么可能是收费车位啊。”说完就想摇上车窗启动车子，那个男人却伸出一只手臂抓住了她的方向盘，说：“大姐，这块就是停车位，每小时五元，不交钱不能走，你停了两个多小时，算你十块。”他这一抓真吓了朱姝一跳，她下意识地猛按车窗关闭按钮，那个男人吃痛赶紧把胳膊往外拔，在这过程中朱姝刚买的芒果奶昔被碰洒了，黏稠的果汁和奶油洒了她一身，也弄得前排座位上都是。朱姝这下可火了，她早就听说过现在有冒充停车收费公司的人乱收停车费，没想到还真让自己给遇到了，对这种恶心的诈骗，她可不打算就范。冲出车子她就跟收停车费的男人争吵起来，之前跟男友赌的那口气也一并发泄在了这个男骗子身上。对方看她就是个小姑娘，也没打算轻易退却，俩人就这么扛上了。朱姝骂那个男人是穷疯了的骗子，让他陪车内污损的清洗费，那个男人骂朱姝是装大款的泼妇，连十块钱停车费都交不起，俩人你一句我一句，话越骂越难听。那个男人被夹了胳膊又挨了骂，也是气急了，他抬脚就踹向朱姝的肚子。朱姝冷不丁挨了一脚，被踹倒在地，怕那个男人继续殴打她，顾不上继续对骂，赶紧往车里钻。等她狼狈地钻进车里，发现他已经站在了车子的引擎盖上，嘴里还在叫骂。朱姝捂着肚子，看着干净整洁的车里变得一塌糊涂，心里那叫一个崩溃，那个行骗不成就恼羞成怒的男人站在她面前，狠狠跺着脚……朱姝的愤怒已经变成了仇恨，她想好好教训这个欺负她的男人，咬着牙自言自语了一句："你不仁，休怪我不义！"一脚油门狠踩到底，车子猛地向前冲了一下，站在引擎盖上跺脚的男人站立不稳，由于惯性被甩了出去。看见他四仰八叉地从车上飞出去，朱姝心里这叫一个痛快得意，她再次发动车子，引擎轰鸣着从他身边呼啸驶过，根本没注意到躺在地上的男人后脑正汩汩地向外流血……

事后警方查明，那个死亡的男人的确不是正规停车收费员，他只是住在附近的无业游民。他见很多到购物中心消费的人没地方停车，都把车停在那条小岔路的路边，心里就打起了发邪财的小算盘。遇到老实人钱就轻松进账，遇到朱姝这样"不老实"的，他就用尽各种办法挡住汽车不让人家走，连逼带吓把钱敲诈到手。他到死也没想到，这个无本万利的"妙计"会夺去他的生命。而朱姝原本有着与他截然不同的生活，有着美好的人生，却在这一次遭遇中没能控制自己的情绪，因为区区十元而成为阶下囚。

世界上有着形形色色的人，浑身充满正能量的人被称作"向日葵族"，他们善良、热情、乐于助人、诚实、负责任，不仅自己活得轻松愉悦，也用美好的语言和行动感染他人，为他人的情绪“充电”，是像珠宝那样闪闪发光的“阳光人”。也有一些人身上满载负面垃圾，他们沮丧、愤怒、忌妒、仇恨、傲慢、贪心，他们总是不会满足，一逮住机会就抱怨和咒骂，不分对象地挑衅，他们见不得别人好，愚昧无知让他们烦恼，多疑敏感让他们报复心极强，负能量驱动着他们的行为，他们是名副其实的“垃圾人”。

情绪“垃圾人”心里的“脏东西”堆积如山，不主动倾倒就会泼洒一地，如果我们不小心靠近了他们，就难免成为受害者，这时如果我们马上暴怒还击，无益于主动接下了他们的情绪包袱，负能量会源源不断传导到我们的世界，危害我们，更危害我们关心和爱护的亲朋好友。

有方法，不会卡

情绪“垃圾人”就游荡在我们周围，遭遇到他们时，你应该做到：

1. **绝对不与情绪“垃圾人”斗气争执**。自古只见狗咬人，人追着狗咬那绝对犯病，唯一能把你跟情绪“垃圾人”区别开来的，是你面对他们时的从容与豁达，别把自己变成他们中的一员。

2. **大方承认你在缺德、没素质方面永远不能战胜他们**。有些事不能不赢，有些事则不能不输，要看比的是什么，要不要追着别人比谁更恶心，你自己决定。

3. 人以类聚、物以群分，远离人间假丑恶。总盯着恶心事深入研究，迟早会把你的思维方式也染成一团黑，总跟恶心人斗气死较真，你还敢说自己不恶心？

8. 常常愤怒，不如装装糊涂

人生在世，糊涂有两种：一种是真糊涂，满脑子糨糊，不懂得分辨优劣，也分不清好赖亲疏，高兴一阵春风，生气一场雷雨，对他们来说，情绪主宰理智，横冲直撞左右命运，喜怒哀乐不由自己决定。另一种是假糊涂，是非黑白明明了然于心，却故意装作良莠不分，该明白的时候比谁都会抽丝剥茧，该糊涂的时候睁一只眼闭一只眼，但有容人之量，绝无害人之心，他们的情绪始终在理智操纵下波动，就算有些小不痛快，也绝不会影响到安逸自得的主旋律。

张家老两口有个独生子叫张晖，年初时张晖娶了个漂亮的媳妇叫柳妍，因为老张家里经济条件不是特别宽裕，只有一套房子，张晖和柳妍贷款买的新房是期房，要等一年后才能竣工，装修散味又需要半年，所以小两口暂时借住在张晖父母的房子里，约定住两年，每个月给爹妈交一千元伙食费。

晚辈新婚后跟老人住在一起必然会有很多不方便的地方，但是以目前张晖两口子的经济能力，还着一份房贷再租一处房的话花销太大了。柳妍是个懂事的姑娘，虽然很怕婆媳关系处不好，但也不忍心让丈夫压力太大，所以答应先在婆家共同生活两年，等俩人的新房装好了就搬出去。住在一起3个月后，原本平静的生活就被频繁发生的小摩擦激起了波澜，不过闹别扭的不是婆婆和儿媳，而是张老头和儿子张晖。

在张老头看来，儿子对儿媳妇那是太溺爱了，简直就到了奴颜婢膝的地步。媳妇说东他不往西，媳妇说吃鸭他不敢炖鸡，每天下班都给柳妍带各种吃的玩的东西，晚上睡觉前又是打洗脚水又是捏肩捶腿。他就想不通了，自己这个儿子以前吃完饭连碗筷都不知道收拾一下，现在怎么变得这么勤快。他越是观察就越觉得自己的儿子一点爷们的地位都没有，自从娶了媳妇就一直在受委屈。他还发现儿媳妇柳妍表面上温温柔柔、知书达理，没什么心眼，也不爱闹脾气，对公婆都十分孝顺恭敬，实际上她精明得很，跟张晖一起住进自己的房子，每个月只交一千元，他俩的工资加起来可有七八千呢，虽然平常总往家买水果蔬菜，也给老两口添置了不少新东西，但张老头始终坚信儿媳妇柳妍每个月把大部分的钱都花在了她的娘家，听说柳妍父母经常出去旅游，旅游一定是花自己这个傻儿子的血汗钱。心里装着这些想法，顾及面子又不好发作，张老头只好朝着老伴和儿子吹胡子瞪眼，比如全家人一起吃饭，张晖剥开虾壳，保准先把虾肉往媳妇嘴里送，老张就会气得饭都吃不下去，借口菜做咸了、汤做淡了，摔下碗筷就出门去遛弯。晚上老张两口子在沙发上看电视，小张两口子则把房门一关，只有在洗水果时张晖才钻出来，就算张晖会在茶几上放一份，但老张心里知道，他洗水果那是为了给儿媳妇吃，自己和老伴只是“顺便”孝敬。老张真恨自己把事情看得太透，想得太明白，他怨恨儿子娶了媳妇忘了爹娘，心疼他又要工作又要给柳妍当牛做马，儿媳妇在背地里对儿子就像对奴才一样，任性自私，一点儿也不知道心疼人，最让他堵心的，是他的宝贝儿子竟然心甘情愿。

就这样别别扭扭地过着，老张的高血压犯病越来越频繁，他常感觉堵得慌，脸色也越来越难看。儿子张晖不是感觉不到父亲的情绪，只是他从没有想过父亲莫名其妙的脾气是因为他跟新婚妻子的恩爱，还以为是老人嫌他们两口子“啃老”。两辈人住在一套这么小的房子里的确不方便，但是只要父亲不挑明了说，他也不想主动去问，直到新房装修完，他带着妻子搬出父母家，还是不明白父亲满脸怨气是因为什么。

张晖的老父亲是个凡事看得明白的聪明人，可就是因为他什么都太明白，什么都分析得太清楚，才会有那么多意见，那么多不满，每天都闷闷不乐的。其实儿子能有甜蜜幸福的婚姻，不就是一件值得开心的事吗？对儿子和儿媳来说，如何过日子，如何相处，那是他们两人的私事，只要当事人自己觉得幸福快乐，谁欺负谁多些，谁吃亏受累多些，都不是什么重要的事。老张看得再透，再心疼自己儿子，也不能插进人家婚姻里去“升堂审判”，琢磨那些自己做不了主的事，只能是自寻烦恼。

人这一辈子，聪明难，糊涂更难，聪明意味着计较，而糊涂意味着容让。对事情，一是一、二是二，该执著的绝不手软；对人情，剪不断、理还乱，该笑看云淡风轻，绝不死缠烂打，本来嘛，吃亏能吃多少，占便宜又能便宜到哪去，说到底还不是为了日子过得开心快乐，学会“糊涂”才能守护心灵的宁静。

有方法，不会卡

常常愤怒，不如装装糊涂，少些较真，少生点气，你可以尝试这样做：

1.就算你是个聪明人，也别随意显露自己的高明，与人交往时懂得装傻，为他人遮羞，给他人台阶下。很多事你故作不知它就过去了，非要揪住人家的尾巴不放，真不知道最后拽出洞的是毒蛇还是猛虎。

2.珍惜自己拥有的一切。有儿子就想要孙子，有银子就想要金子，太知道更进一步还能得到什么了，得不到便会身心受折磨，不如退一步，先好好守住了儿子和银子，感激上苍没有夺走他们吧。

3.学会放弃。因为有的东西注定不是你的，有些事情真不是你想怎么样就能变成怎么样，认清自己能力有限，就不要去强求，放弃是最好的选择。

9. 人际摩擦在所难免，不愤怒也不逃避

学会正确使用“谢谢”和“对不起”是和谐处理人际摩擦，远离无谓纷争最简单、最有效的办法。要学会说“谢谢”，因为没有谁理所应当为你付出，那么一句清晰的、饱含笑意的“谢谢”就是你应尽的义务。要学会说“对不起”、“不好意思”、“给您添麻烦了”，不管谁对谁错，及时地表达自己无心争吵的善意，就能把激烈冲突发生的可能性降到最低。只要是有人的地方，人际摩擦就在所难免，遇事怒发冲冠指责对方是最差劲的选择。

董嫚租住的公寓有着很严格的管理规定，比如不能饲养大型烈性犬，不能在楼道里堆放私人物品，不能在休息时间进行扰民的装修施工，也不能在自己家里制造噪音。一旦有居民做出违反管理规约的事，其他业主就可以向物业进行举报和投诉，物业管理公司会派出专人前去协商解决。对董嫚来说，这是件好事，因为她孤身一人在外，租住在这个人生地不熟的公寓楼，如果正常生活被某些邻居不文明的行为影响到，她还真不敢单独找人家去说。有了物业的居中调解，很多事就不用她自己出面解决了，免去了很多尴尬。

但让董嫚没想到的是，这次被投诉的是她自己，理由是董嫚常把外出拖鞋脱在门口的地垫上，不拿进自己的房子。董嫚知道公寓管理规约中明文规定住户不可以把自家的私人物品堆放在楼道内，但她没想到一双小小的拖鞋放在门口能对其他邻居造成什么损害，这跟一般意义上的“堆放”也完全不是同一回事嘛。她对物业工作人员解释了自己的想法，并要求物业提供投诉人的信息。想来会因为拖鞋问题投诉自己的，也就是对门了，既然是住的这么近的邻居，有什么话当面说就好，还向物业投诉，真让董

嫚有点别扭。物业人员实地察看了董嫚家门口的情况，一张卡通造型的可爱的垫，上面放着一双人字拖，由于董嫚住的房子在楼道尽头，也不会有什么人途经，不可能影响通行。经过讨论，物业人员也觉得董嫚的说法有道理，管理制度虽严，也不能不近人情，最后这件事就以保持原状作为处理结果，投诉的邻居那边由物业负责说明情况。

过了两天，董嫚又接到物业的电话，跟她商量还是把拖鞋拿进屋里去，因为邻居又投诉了，说这严重影响了对门邻居的正常生活，必须立刻收起来，要不对方就要帮她处理掉。这真是让好脾气的董嫚哭笑不得，虽然将拖鞋拿进屋对她来说并不费劲，但是有种被胁迫的感觉。她思索再三，决定主动去对门问问情况，看这里面是不是有什么误会。

敲开对门邻居的家门，开门的是一个瘦小的老太太，她打开一条门缝，问董嫚："你是谁，有什么事情？"董嫚迎着她满怀敌意的眼神，微笑着说："大妈您好，我是住在对门的邻居，您叫我小董就行。是这样，我接到物业电话，说我把拖鞋放在门口影响了您的生活，惹您生气了，我这不是来给您道歉来了么。"听她这么说，对方一下就明白了，但仍旧没有把门打开，从门缝处对她说："你们年轻人不在意，老人都知道的，开门见鞋子不好的呀，我每天开门都会看见你的鞋的呀，身体都不好了呀，你快收起来吧，要不然我要在门框上挂镜子了。"说完这话，她满脸恳切地看着董嫚，这下董嫚明白了，这位老太太迷信，觉得自己把拖鞋放在门头，导致她"开门见邪（鞋）"，会影响身体健康和时运。想到这里，董嫚继续笑着说："看您说的，我收，我这就收，我们小年轻不懂事，您千万别往心里去，给您添麻烦了，实在是对不住，您莫怪哈！"老太太看她笑呵呵地就答应了，也有些意外，紧绷的表情终于放松下来，敌意也没了，也笑着连说谢谢，然后关上了门。董嫚转身走到家门口，拎起自己的小拖鞋，笑嘻嘻地也回了屋，这事就算圆满解决了。

面对莫名其妙的投诉，董嫚可以有很多应对的选择：继续坚持把拖鞋放在门口，事理上完全说得通，在物业的支持下据理力争的话，跟对方大吵一架，也不是全无获胜的可能，尽管以后邻居就成了仇人，她可以关上门不在乎；虽然收起拖鞋，但是跟对方讲理，心中的不爽一定要发泄出来，就算是吵上一架，也要让他们知道自己不是好欺负的，做出让步是自己的素质高，可不是怕了谁；或者把自己的拖鞋收进了屋，一声不响地关起门来生闷气。

但是董嫚选择了不逃避也不发怒，她笑着敲开了邻居的家门，笑着听完了邻居迷信的理由，又笑着收起了自己的拖鞋，事情解决了，她的让步做得心安，不觉得吃了多大亏，也没有憋着什么负面情绪，可以说这件事根本就没有破坏她的好心情。远亲不如近邻，以和为贵的道理我们都懂，不理智的愤怒只会让你四处树敌，最后把战火烧到家门口。

有方法，不会卡

人际摩擦在所难免，面对矛盾的岔路口，下列应对策略才是理智的。

1. 不愤怒。生气解决不了任何事，发怒不是处理问题应有的态度，有什么话都要和风细雨地慢慢说，带着敌意会把好事搞砸，更别提摩擦了。

2. 不逃避。矛盾就在那里，你假装没看见它，它也不会自动消失。如果心里不服，忍气吞声只会让你更难受，如果对方找上门来，你却一声不吭，冷漠的态度更容易激化矛盾。

3. 学会使用致谢和道歉的语句。笑着说出它们，开始时可能会有些不好意思，会觉得尴尬，多加练习，这些简单的语言就能帮你变成更好、更快乐的人。

◎本章小结◎

愤怒是人之常情，是我们能够独立思考、有自己做人标准的证明。但时常愤怒，带着怒气生活却不是一个良性的生存状态，就从现在起，告别易怒冲动的自己。改变个人行为和习惯是一个漫长的过程，不论是摆脱不好的思维和心态，还是单纯向更高人生境界发展，都需要一定时间的努力，同时还需要学会调整情绪，制定有效的“不生气”准则，让心胸会变得更加广博，这是个人境界提升的途径，也是获得幸福生活的法门。

第七章

Chapter

焦虑时，学会自我“排毒”

谁都有秘密，谁都有埋在心里的不甘、不愿、不爽和恐惧，那些都会成为焦虑的源头。我们中的一些人很幸运，他们拥有可以信赖的至交好友，有亲密的伴侣和家人，那些爱他们的人愿意做他们的“情绪垃圾站”，分担他们心中的压力，甚至帮他们把痛苦和焦虑化解于无形，而有些人则没有那么幸运，太多的痛苦和纠结，他们只愿也只能自己一个人默默承受。我们要及时把心头的情绪垃圾处理掉，在感到焦虑时，或呼朋引伴，或自我消遣，不让精神毒素留在心里伤害我们的肌体。甩掉看不见的沉重枷锁，我们才能轻装上阵，在追逐幸福的路上欢快前行。

1. 焦虑是一种精神毒素

焦虑是指一种无缘由的内心不安或无根据的恐惧，在人们遇到挑战、困难或危险时出现的一种正常的情绪反应。在遭受精神上的打击、压力时，就会出现不同程度的焦虑状态，表现为紧张、难过、担忧，甚至痛苦，严重时或有发展为焦虑症的危险，其释放的毒素可能引发各种情绪症状、运动症状和自主神经症状，让人变得敏感易怒，肌肉神经痛，心悸、心跳加快、呼吸困难，胃部或腹部不适、腹泻、尿频，入睡困难，注意力不集中，对光和声音敏感。

小美的公司是经营健身器具和保健品的网络公司，最近行政部为了激励员工提升工作效率、改善工作态度，新颁布了一项绩效考核制度，他们在公司网站上开辟了一个“服务人员表现评论区”，每一个客服人员的照片、标号、姓名和简单介绍都会挂在网上，下面是一系列内容评分表，顾客根据服务感受可以从0至100进行打分，最后还有一个公开的留言区，顾客如果有想说的话、要表达的意见或建议都可以填写在上面。每个月末，人事部门会按照网络评分的结果核定每个人的绩效奖金，第一名通报全公司表彰，最后一名则要上黑名单，通报批评，连续3个月垫底的客服人员则有可能因为严重不称职被公司辞退。

第一个月试行这项制度时，大家都很努力，谁也不想自己的名字出现在黑名单里，更不想有顾客把对自己的批评写到公开留言板上，小美当然也铆足了劲想要拔得头筹，获得丰厚的奖金和金光闪闪的奖状。可是事与愿违，在这个月的第10个工作日，让小美几近崩溃的事情发生了。一位胡搅蛮缠的顾客向小美索要赠品，按照公司规定确实给不了赠品了，小美反复向她解释，可她根本听不进去，还在电话里恶狠狠地威胁小美，说小美这么给脸不要脸，等着倒霉吧。小美一气之下挂断了电话，却不想，随后她就真的“倒霉”了。那位顾客充分利用了她们公司网站上的客服人员评分系统，不仅给她打了个零分，还用十分尖酸刻薄的语言在小美的留言区发了十几条留言。要说遇到极品顾客的投诉，小美不是没有经历过，事情向主管解释清楚就完了，但是这位顾客不仅狠批了她的态度差，还说她声音像乌鸦一样粗哑，仔细听都听不出是男是女，还结巴，人也长得丑，别叫小美，干脆叫老丑得了。这些恶毒的语言在网上挂了一天一夜，直到第二天主管核实情况后才让网管删除了。但是小美知道，她的同事们都看见了，其他浏览公司网站的客户也都看见，一想到顾客骂自己声音粗哑、面貌丑陋、没人要，小美就感觉有人在用刀戳她的胸口，痛得她无法呼吸。

自那件事情之后，小美总感觉同事们在暗地里嘲笑她，总趁她不注意窃窃私语，议论她的嗓音和长相，她一直感觉自己并不丑，但被人说后每次照镜子都感觉自己长得难看，越是怕丑，越是焦虑，她的脸色就越难看，还长出了痤疮。因为怕顾客觉得她是“乌鸦嗓”，工作时她都会故意捏起嗓子接打电话，但是那种娇滴滴的做作假声更是引来旁边同事怪异的眼神。她开始害怕开口讲话，原本不结巴的她，不知怎么的，说话竟开始结巴起来，还总说错，词不达意。这样混乱的一个月结束后，小美的评分排名落在了最后，她也成了新制度下第一个受到通报批评的员工。因为不堪忍受巨大的精神压力，小美只好主动辞职，离开了公司。

小美是个心重的女孩，很在意外界对自己的评价，很怕自己被讨厌和被否定，在被“毒舌”的客户人身攻击后，她所害怕的、排斥的、逃避的“洪水猛兽”竟然排山倒海般朝她袭来，强烈的负面刺激击倒了她。为了不再承受痛苦，她选择了离开公司，这个选择对她来说无疑是最明智和正确的，如果继续忍受下去，她很有可能发生更严重的病变。

焦虑会引起植物性神经系统功能的变化或失调，让人患上“情绪病”，经常情绪波动的人更容易焦虑。如果不能从根源上调节自己的压力耐受度，就很容易被焦虑情绪钻了空子。

有方法，不会卡

焦虑是一种精神毒素，它会让你身心受苦，当焦虑严重时可能会出现抑郁症，整天提心吊胆、战战兢兢，常因小事而烦恼，并可能会伴有心悸、心跳快、呼吸急促、肌肉收缩等生理症状。要克服焦虑可试试以下两种方法：

1. 冥想5分钟：静坐冥想是疏解焦虑的好方法。幻想自己躺在蓝天白云下绿油油一望无际的大草原上，凉爽的春风徐徐吹拂，远处是洁白的羊群……

2. 大吃一顿：选上自己平常最爱吃或者最想吃的东西大吃一顿，或可消化焦虑的心情。

2. 倾诉法永远是最实用的“排毒”方

人长大了，肩上的担子重了，很多苦闷和委屈难以表达，又不能不分对象地随便对人言说，憋在心里慢慢发酵，只会让郁闷和焦躁越积越多。不少人就会与朋友相约聚会，酒酣人醉，借着酒劲把心里的苦楚吐一吐，知道这世上还有人肯听自己说话，心甘情愿做自己的情绪垃圾桶，焦虑就会减轻许多。

林雨、严华、杨芊、文燕和刘莎这五个女孩是中学时代的同班好友，也是从小在一个大院里一起长大的好姐妹。高考之后，她们考取了不同的大学，虽然都在同一座城市里，但因都要住校，各自又有了新的朋友和同学圈子，联络也就不那么紧密了，但偶尔还会约在一起吃个饭、逛个街，说说彼此近况。

在她们大学毕业后第一年，作为职场新人，更是忙得没有时间见面，只是偶尔互相打个电话问候一下。突然有一天，她们四人接到了林雨的死讯，她们没想到一向嘻嘻哈哈的林雨竟然会选择自杀结束自己的生命，作为她的闺蜜却丝毫没有察觉到任何征兆。

在送殡那天，许久没有见面的严华、杨芊、文燕和刘莎终于又聚齐了，她们坐在林妈妈身边，安慰着悲痛欲绝的老人。从林妈妈那里她们才知道林雨这些年过得很不顺，在大学时她就已经查出有轻度抑郁倾向了，起初她感觉选错了专业，课程掌握起来很吃力，跟宿舍的同学关系处得不太好，也没个男朋友，没人能听她倾诉。尤其到了大四那年，因为害怕学分修不够不能顺利毕业，她成天紧张焦虑，好在最后终于还是拿到了毕业证。由于就业形势不理想，林雨好不容易进了一家小公司当秘书，没想到那个老板不是什么正经人，死缠烂打地追求她，靠鲜花礼物的浪漫攻势把她搞上了床。俩人交往四个多月后突然告诉林雨他已经结婚了，还有个两岁多的儿子，并直言不讳地告诉林雨，他不可能离婚，也不会对林雨负责，但是可以给她5万元，算是分手费。被当成“小三”对待的林雨哭哑了嗓子，跌跌撞撞回到家，不知道怎么对家人解释自己的男朋友已经是别人的丈夫这件事，更不敢告诉父母自己上个月刚为那个禽兽堕过胎。在极度的绝望和羞愤中，她选择了用死亡结束现实的折磨，纵身跃下公司所在的大楼，告别了这个对她来说冰冷又黑暗的世界。

这场悲剧的发生彻底改变了她们，也让几个女孩下定决心，以后不管多忙，每个月都要碰头进行“姐妹会”。大家凑在一起干什么都行，没空就简单吃个便饭，有空就共度周末，一起出去玩。互相说说彼此的近况，把那些不痛快的事、心里的苦水好好吐吐，把由于各种原因无法对外人言说的想法痛痛快快说出来。她们会聊极品的同事，聊唠叨的父母，八卦亲戚们的混乱事。她们在几年之中一起经历了很多不那么美好的事，杨芊的老爸老妈一度闹离婚，文燕的老公和公司前台传过绯闻，严华因为乳腺肿瘤动了次大手术，刘莎的父母相继去世……因为有了能够敞开心扉交流的姐妹会，不管发生多坏的事，她们都能鼓起勇气面对，彼此扶持。

倾诉是每个人都需要的一种情绪调节法，你可以对陌生人、同事倾诉，也可以对家人、朋友倾诉，但最好还是求助于你的小伙伴们。因为需要倾诉的往往是一些比较私密的话题，可能涉及你的切身利益，随便对同事和家人去讲，不见得能敞开心扉，更有可能得不到好的效果。

朋友胜过金银，是人生中最值得珍惜的财富。是非成败转头空，而友情就像取之不尽用之不竭的金矿，在你承受痛苦时，在你需要支持时，是朋友的陪伴让你知道自己并不孤独，是朋友的鼓励让你阴霾的内心迎来一缕阳光。没有朋友的话，不仅遇到难事无人相助，也无法找到可一吐为快的对象，所以珍惜你的友人，并且常跟他们联络，多交流沟通彼此的近况，才能在有心事的时候及时通过倾诉排解忧虑。

有方法，不会卡

对人倾诉，就是把别人当成“情绪垃圾桶”，你要注意：

1.**尊重那些肯倾听你的人**，不要带着“发泄”的念头随便把他们喊出来，不分时间、不分场合的发泄可能让你痛快了，却会给别人带来困扰，别人没有义务安慰你、开解你，要知道感激。

2.**搬弄是非、人身攻击的话尽量不说**。倾诉的是负面情绪，排遣的是内心焦虑，如果你只是想拉一个盟友一起对付某个人，想背地里挑唆朋友帮你出头，事情绝不会向着好的方向发展，宣战和宣泄可不是一回事。

3老话说：**听人劝，吃饱饭**。朋友听了你的诉说，可能会有他们的看法和建议，可能那些话不是你想听到的，但那是他们善意的帮助，就算你不爱听，也不要把矛头转移到他们身上，诤友难得，更该珍惜。

3. 太多焦虑源于“想太多”

在病态心理中有一大类被称为“妄想症”，现实生活中，有两成左右的成年人存在不同程度的妄想心理，他们可能会认为周围的人在观察和监视自己，甚至可能试图伤害自己，这种无理由的轻度妄想被称为“受迫害意念”，另一些人则总琢磨自己是不是身体有问题，患上了什么病，强迫性地去医院做身体检查，在没有明确器质性病变的情况下坚持吃补品和药物，从中得到心理上的宽慰。

处在焦虑情绪之下的人也会出现一些轻度妄想症症状，如主观、敏感、多疑、好幻想，而且幻想的方向总是集中在负面的坏事上，想太多停不下来，从而焦虑不已、难以自制。

沈珊珊最近常感觉自己右侧腹部有点疼，一天午餐时她无意间对公司的同事小周说起来，结果小周十分紧张地又是摸又是按，问她是右上腹疼还是右下腹疼。珊珊也说不好，但看见小周那副样子，她便问：“就是感觉肚子里面偏右上一点的地方时不时胀痛，有一段时间了，夜里疼得厉害点，现在不是很明显，上腹下腹什么的有那么重要吗？”小周紧皱着眉头说：“珊珊，我说话你可别不爱听，我舅妈前些天刚没，我不是跟你说了吗，你知道她是怎么没的？是肝癌！我听家里人说，她确诊后没到半年就全身扩散了……确诊之前也是，也是右侧腹部疼，医生说那个叫‘肝区疼痛’。我看你最近气色都不太好，你说会不会……”沈珊珊没听清小周后面说了些什么，“肝癌”两个字像一颗原子弹那样在她的脑海里炸开，她下意识地捂住右腹，仿佛摸到了什么圆鼓鼓、硬邦邦的东西。

回到办公桌前，沈珊珊也顾不上工作了，她打开网络搜索页，输入

“肝区疼痛”和“肝癌”，眼前一下子蹦出许多关于肝病症状和病程发展的介绍。她一边看一边回想自己的症状，越看越像，每一条都像是在说自己，右侧腹部的疼痛也越来越明显，真像是寒冬腊月被泼了一盆冷水，从头凉到脚，握着鼠标的手心全是汗，难道自己得了肝癌？难道自己这么年轻就得了绝症？她继续看，网上还写家族有癌症病史的人更容易患病，饮食不规律、饮酒熬夜的人也容易长肿瘤。天啊，珊珊被自己的推测吓了一跳，心里已经确认了一大半，自己恐怕就是遭遇了肝癌这个恶魔。怎么会是这样，她精神恍惚地继续检索，继续查找网上关于肝癌治疗方法和生存率的文章。这期间她想到了如果自己死了父母该怎么办，想到自己跟男朋友交往了一年多，俩人现在都有结婚的意思，但她可能没有机会穿上那件洁白的婚纱了，甚至想到了要不要用最后的生命赶紧生个孩子，让父母以后也有个念想……这些乱七八糟的想法一旦冒出来就停也停不下来，直到同事走过来喊珊珊下班一起走，她才注意到自己对着电脑看那些东西不知不觉已经过了4个多小时。

揉着胀痛的眼睛，沈珊珊六神无主地走上了回家的路，她脑子里不断翻滚着自己年纪轻轻就身患绝症的悲惨人生。途中接到男友电话问她晚上哪儿吃饭，她哪儿还有心思吃饭，张口就说咱俩分手吧，说完就关了电话。她心里太乱了，需要一个人好好静一静，便想着去湖边坐坐，没想到半路上因为精神不集中被一辆电动车撞倒了，小腿伤得很严重，鲜血哗哗流，珊珊赶紧开机打给男友求救，等男友赶到医院，她便哭得昏天黑地向他倾诉。男友听珊珊说了自己的“病情”，才知道她为什么突然说要分手，真是哭笑不得，正好俩人就在医院，他便陪着珊珊去做了全身检查。

第二天下午，珊珊拿着肝功一切正常的检查报告一瘸一拐地出院了，她根本没有肝病，腹痛不过是消化系统不适的小毛病，但腿上的伤可是货真价实，之前的紧张压抑珊珊现在想想都觉得丢人。

像沈珊珊这样因为亚健康状态身体出现不适的上班族并不少见，工作繁忙，压力也比较大，身体就很容易出现这样那样的小状况，但又没有充足的时间去医院检查，白领们就想到了借助强大的网络。网络确实能帮我们搜集大量的信息，但那些信息的精确性是没有保证的，就拿医疗方面的资讯来说，同样的症状可能有完全不同的病因，只靠模棱两可的推断，怎么可能就能断定自己得了什么病。况且珊珊是带着“我一定得了绝症”这样的想法去检索信息，在焦虑不安的情绪之下，她根本无心辨别信息的真伪，只管按照自己琢磨的最坏情况去找依据，越怕越想，越想越怕。

生活中很多焦虑的情绪都源自对消极的信息接收太多，顺着消极的方向想得太多。事情就怕琢磨，因为“琢磨”本身是个主观的过程，却能引发客观的负能量聚集，使人陷入紧张惊惧的漩涡难以自拔。感觉到身体不适，不要急着给自己的健康状况下诊断书，医生的工作就留给他们去做，我们要做的是安心完成手头的工作，然后视情况及时去医院做常规化验，自己做“蒙古大夫”，靠瞎琢磨诊病，那只会是自寻烦恼。

有方法，不会卡

别想太多，钻牛角尖只会让你更焦躁不安，你应该学会：

1. **用积极的眼光看待事物**。原本积极的东西，应该带给你快乐的好心情，但你用消极的态度去分析、去琢磨，它就变成了坏的，让你痛苦的；原本就消极的坏东西，你再往坏处想，那不是不给自己留活路了吗?

2. 相信总有好事发生在自己身上。**你盼什么，命运就会赐给你什么，**别把世间的负能量往自己身上吸引，没病也能琢磨出病来。

3. **用有限的时间把握现在**。对未来的幻想和忧虑每个人都会有，但记住，别让未雨绸缪变成自我折磨，你所忧虑的那些事其实绝大多数都不会真的发生，但全神贯注地为它们操心却有可能让你遭受其他不测。

4. 消除焦虑最好的方法是将压力转化为动力

压力与随之而来的焦虑，属于心理学应激的范畴，当人察觉到应激事件时，大脑会评估当前刺激并与过去经验进行比较，一系列应激激素随之释放，人也就会在威压之下产生焦虑。为了摆脱这种焦虑，有的人会集中精神加倍努力，高效率地达到目的，完成对刺激源的排除，而有的人则会茫然无措，只顾着担心、害怕，想要逃避，沉浸在对不利后果的幻想中丧失斗志。

许多高校毕业生在求职时更青睐体面轻松的白领岗位，在获得了“安逸”工作后才发现表面的风光背后是高速运转的疲于奔命，物质享受背后是难以承受的职场竞争压力，体面的社会地位背后是患得患失的身份焦虑，事业和理想的美好仿佛已经远去，剩下的只有要么干、要么离职的痛苦折磨。

白雷大学刚毕业就到律师事务所做了律师助理，带他的老师是德高望重的老律师，从他一入职，老师就很看好他，给了他很多机会。白雷也很勤奋，各个方面表现都很好，在他的事业道路上唯一的也是最大的障碍就是律师执照了。

要成为律师，比读完大学、修完学位更重要的是通过国家司法资格考试，只有通过这个考试拿到法律职业资格，才能进一步申请律师实习，参加培训和面试，最终取得执业资格证，成为真正的律师。像白雷这样，毕业后几年都没能成功拿下这个“天下第一考”，就意味着他只能是律师助理，哪怕他已经能够熟练地完成所有法律业务。

在工作后的第5个年头，也是第5次司法考试失利后，白雷感觉老师看自己眼神变了，对自己说话也不像原来充满欣赏和鼓励。跟他同时走出校门的同学基本都已经拿到了相应的资格证，而他年年考，年年不过。头两年还能用刚参加工作太忙无心学习安慰自己，但后来老师为了给他足够的时间备考，甚至在考前两个月就允许他带薪休假，他还是考不过。白雷发现自己对司法考试产生了恐惧，对自己的能力和智力也开始怀疑，每年9月简直成了他的噩梦。

这一年到了8月中旬，白雷的司法考试崩溃综合征又发作了，闷热的天气加上焦躁不安的情绪，让他吃不下、睡不着，一个月就瘦了十几斤。面对一米高的参考书，他拿起这本看两眼，又拿起另外一本看两眼，哪一本都看不下去。当考试的压力蔓延到日常工作中，不管他手头在做什么，心里都充满了如果今年再考不过就完了的绝望想法。同学的鄙视，同事的嘲笑，父母妻子的失望，盘旋在他脑海中挥之不去，让他不仅不能集中精神备考，更无法尽职完成老师交给他的任务。压力让白雷失去了冷静的判断，当他因为工作出错而受到批评时，总会不自觉地联想到自己是个没有资格证的“失败者”，无形中低人一等、矮人一头。

9月下旬，让白雷痛苦不已的考试终于来到了，考前老师、同事和家人一如既往地鼓励他，希望他能冷静应试、充分发挥，考出好成绩。但那些鼓励在白雷听起来简直就是威胁恐吓，考好了一切都好，独立执业的新世界将对自己敞开，广阔天地、大有作为。那要是考不好呢？岂不是后半生都完蛋了，前面5次都考不过，后面怎么就能考过了呢？是不是自己天生不适合这个行业，还是说自己智商太低了所以怎么努力都没用……带着巨大的心理压力和复杂的忧虑走进考场，毫无意外地他又“烤煳了”。

白雷在是否继续从事律师职业之间挣扎，他不能摆脱数次失败的阴影，又不愿半途而废，承认自己只能做助理，理想和梦想离他越来越远，留下的只有焦虑。

俗话说：人无压力轻飘飘，井无压力不出油。有压力并不全然是坏事，但应激时情绪反应的强弱却往往因人而异，面对类似的生活或工作压力，一些人表现得忧心忡忡、茶饭不思，甚至过度焦虑，患上情绪病；而另一些人则会换一个角度去看，化压力为动力，取得更高的成就。

要知道，是肩膀上的重量让我们清晰地感受到自己存在的价值，是对成功和幸福的渴望让我们在前进路上埋头苦干，不能因遭遇挫折和困难就停下追求脚步。白雷考取证书屡次失败，一方面可能是他没有掌握全面业务知识，另一方面也可能是他太紧张了，在焦虑情绪包围下根本不能清醒地思考问题，考试难度本来就大，他还浑浑噩噩地答题，出师未捷身先死，走上考场就意味着一败涂地。

有方法，不会卡

把压力转化为动力，你可以尝试这样做：

1. **拿出一张A4纸，写出你正面临的压力源头**，可以是一个，也可以是几个，想到的一切你都可以写下来，然后在每个压力源头上引出几条线，线上写上你能想到的对付和解决它们的方法。先不去管那些方法是否真的有效，只要你想到的就全部都写上。

2. 在线的另一端，写上一旦克服了现在面临的困难，你会得到什么，千万不要去想万一我失败了会如何，那些负面的、让人心烦的念头，一丝也不要有，只写那些积极的、美好的、快乐的结果。

3. 现在看着你画得有些乱的这张纸，它就是你走向成功和幸福的藏宝图，只要坚持走下去，就一定能得到你想要的美好生活，最先写上的那些压力源，击败它们不正是你坚持下去的动力吗？

5. 丢掉幻想，给自己一个切合实际的定位

做事要认真，但不要总是较真，用自己的不完美去苛求人生的完美，那绝对是自讨苦吃。你可以不满足于现状，也应当期待一个美好的未来，但不能脱离现实做白日梦。如果梦得太离谱，追求的过程必然充满了挫败的痛苦和患得患失的焦虑，不符合自己层次和位置的目标，铆足了劲也还是够不到，醒来后也不过是一枕黄粱，徒增伤感。

28岁的大龄单身女青年陈妙凝有个非常美的名字，遗憾的是，她却没有一个非常美的外表，按照现今社会对女性外表评判的标准，妙凝身材短小又比较胖，皮肤偏黑，小眼睛，塌鼻梁，头发稀疏，也不善打扮，很难称得上好看。因为外表，她受过不少委屈，生过不少气，感情经历至今还是一片空白。倒不是说没有人喜欢过她，只是喜欢上她的人她都看不上，而她看上的不是大学"校草"就是全公司第一大帅哥，人家要么名草有主，要么就算是单身也看不上她。陈妙凝毫不掩饰自己对外表的重视，还宣称自己是"外貌协会"会长，所以年近30岁的她还没有一段像样的恋情，这让陈妙凝非常沮丧。她读过不少你侬我侬的言情小说，看过不少男女痴恋的催泪韩剧，那种天雷勾动地火，一见钟情后展开甜蜜又浪漫的爱情，才是她心中所求。

抱着"舍不得孩子套不着狼"的想法，陈妙凝花了8999元在某知名婚恋网站上注册成了VIP客户，按照她所购买的超级月老服务套餐约定，在4个月时间内，只要她愿意，每周的周末都可以与一位优质单身男士约会相亲。这项服务之所以如此昂贵，是因为陈妙凝对相亲对象的要求非常高，男士必须没有婚史，不是农村人，在城市里有车有房，月收入不低于两万

元，年龄在29岁到35岁，相貌英俊，身高一米八以上，身材健壮……婚恋网站接待她的职员心里很清楚，相亲活动不像男女日常接触下有机会慢慢了解内在，主要就是看第一眼眼缘，像她自身那样的条件，在择偶时却开出这样超高的要求，99%是不可能成功的。但既然客户肯出钱，他们在不保证结果的前提下尽量满足她的“无理要求”。

高价买来的约会让妙凝认识了好几位“王子”，也感受到了公主一样的礼遇，在第二次相亲时，她就与一个30岁的国企高管互相确认了好感，但不管她怎么明示暗示，对方就是不对她采取什么积极主动的追求。吃饭也好，郊游也好，逛街看电影也好，虽然有帅哥伴在身旁，但妙凝没有热恋的感觉，她怀疑对方是婚托，却也没有什么证据，而且她贪恋那种被有钱的帅哥关注和围绕的虚荣快感，打心眼里不愿意相信这一切都是假象。4个月说短不短，说长不长，在一次一次约会中，陈妙凝继续幻想着她那琼瑶式的纯爱，如果对方的客气让她感觉受伤，她就会想想小说中那些悲情苦恋的女主角，顿时觉得心痛也是恋爱不可缺少的一部分。

4个月服务期届满了，妙凝的“王子”开始频繁出差，跟她的联络也越来越少，俩人断断续续又联系了两个多月后，就算是傻子也明白对方想要结束关系了。妙凝沉浸在“失恋”的巨大痛苦里，整日以泪洗面，逢人便讲自己被负心汉玩弄和抛弃的经历，还不忘加上对负心汉多么帅多么优秀的描述，但哭述帮不了她，妙凝依旧单身，依旧独自熬过孤单的夜晚。

当你看到自己身上的不完美，感觉自卑的时候，不要心生嫉妒，一味埋怨命运给你的恩赐太少，更不要在遭遇挫折和失败时，脱离实际，想入非非，把自己放到想象的世界中，企图以虚构的方式应付挫折，试图通过盲目拔高对自己和他人的要求来获得虚假的满足。幻想自己成了更貌美、更富有的人，是每个人都有的“白日梦”，这种对幸福的向往也是我们努力改善自己的动力之源，但过度依赖想象而不是切实努力，抛开自身条件空谈高要求，就像没有翅膀却想跃下悬崖，没有鳃鳔却想潜入海底，想得再美，也是死路一条。

看了妙凝的故事，你可能会觉得她也很可怜，她不漂亮，所以在婚恋的世界里处在一个不利的位置，这太不公平了。可是要知道，世间根本没有绝对的公平，有些事你觉得公平合理，无非是自己的利益得到了保证，你比别人强，不公平也成了理所应当，你不如人，则抱怨起世道昏黑、有违天理，把自己当尺子丈量这世界是否公平，正是不成熟的表现。

有方法，不会卡

从现在起，丢掉幻想，给自己一个切合实际的定位，你可以：

1. 首先承认自己是不完美的。从外表到内涵，想想自己哪些地方不够完美，不管是不够好看，还是不够聪明、不够勤奋，正视它们，也许会让你感到羞愧和不自在，但却是构成“你”的重要组成部分，是你和别人不同的理由。

2. 其次是认识到**世上事不如意十有八九**。物极必反，事情做满了未必就好，因为有不如意，美满的故事才为人们所称道。

3. 最后，敞开心扉去接纳那些同你一样不那么完美的人和事吧，如果总是居高临下地看待缺憾，就不能认清自己所处的位置，人贵在有自知之明，让自己成为一个真正的“贵人”，就从自知自爱开始。

6. 允许自己犯点错，别过于苛求

人非圣贤，孰能无过，严格依照程序运转的是机器，而不是集天地灵气而孕育的人类。有些人一有过错，就终日沉浸在无尽的自责、哀怨、痛悔中，好像只要有了失误，以后的人生就都要用来偿还之前的羞耻，大错小错在他们心里就像是地震海啸那样严重，不管别人是不是真的记着他们出糗的样子，反正他们自己是绝对忘不了。

因为犯错引发的窘迫会在短期内形成聚集焦虑的刺激源，这是非常正常的心理反应，但人为地把偶发事件扩大为某一类情境，把错误搞成了激起负面体验的“键”，以至于想到这个情境就会再次引起紧张、排斥的情绪反应，就不正常了。触发焦虑的“键”越是密集，你就越难得到轻松快乐的生活，自己在前进的路上埋下“地雷”，踩到一次崩溃一次，能怨得了谁呢？

从小就十分喜爱汽车的小智拿到驾驶执照三年多了，工作后省吃俭用攒了两年的钱，终于给自己买了一辆心仪的小轿车，这让小智喜欢得不得了，要不是汽车搬不上床，他肯定得抱着自己的宝贝汽车睡觉。

车本拿了三年多是不假，但小智在买这辆车之前基本没有真正开车上过路，有时候朋友喝酒了让他帮忙做一下司机，他虽然心里痒痒，但是一想到谁家车都不便宜，万一自己“手潮”给人家刮了蹭了就麻烦了，也不敢随便开。驾校学的东西存在脑子里，大部分还都是理论，他最缺乏的就是靠经验积累出来的整体感觉，如今要开着自己的车上路了，小智都能听见自己的心脏扑通扑通跳，紧张得不得了。

新车新司机，如履薄冰地开了一个月，小智感觉自己已经能够很熟练地驾驭汽车了，头一个月一直没有任何剐蹭磕碰，这增长了他的信心，再上路时紧张感也轻了。可就在他感觉“人车合一”，越开越顺手的时候，麻烦来了。

这天下了班，小智回到家刚把车停好准备上楼，电话突然响了，他一看，是自己正在追求的“女神”打来的。他赶紧接起来，原来是人家姑娘知道他买了新车，问他晚上能不能给当一下司机，往父母家运几箱水果。这可是千载难逢的好机会，小智赶紧回家洗脸洗头，又换了身干净衣服，拿上一瓶香水下楼，在车里喷了喷，确认一切完美才开上车直奔姑娘的单位。

在“女神”单位女同事们羡慕嫉妒的眼神中，小智把几箱进口水果搬进车子后备厢，又很绅士地为她开车门，看得出来，他的“女神”对此非常满意。小智心里那叫一个得意，借着这次送水果的机会，就能拜见未来的岳父岳母大人了，那他跟“女神”的关系岂不是要突飞猛进向前发展？他手扶方向盘，满脑子都是“女神”变女友，娇滴滴依偎在自己怀里的场景，情不自禁咧嘴傻笑。真是乐极生悲，就在“女神”同事的目送下开出她们单位大门时，没想到右转时出了问题，就在一瞬间嘎啦啦巨响，小智的爱车右侧面卡在了单位大院门口的砖墙上。“女神”被吓得使劲往他身上贴，他也顾不上高兴了，赶紧下车查看。真是糗大了，人家单位门口砖墙被他挤掉了好几块砖，上面的贴花瓷砖碎落一地，车子右侧像是嵌在了墙里，已经刮擦得面目全非。“女神”单位门外是一条并不宽的小路，对面是另一家单位的围墙，继续向前开或者向后退都是不可能的了，“女神”只好去求保安们帮着搬车，十几个人折腾了二十多分钟才把小智的车解救出来。别说送水果了，就是继续开上路也很困难，小智只好打紧急救援电话请求拖车，并尴尬地把“女神”的东西搬下车，看着她上了另一个男同事的车子走了。

后来小智的车被送到了4S店修好了，车子恢复如新，但他的心里却留下了阴影，怎么也忘不了那天撞墙的尴尬，忘不了“女神”受到惊吓后难以置信的表情，更忘不了人家单位同事们惊愕和嘲笑的眼神。他坚信自己丢人的车技遭到了所有人的鄙视，不敢开车进胡同和窄道，也不敢再联系那个自己很喜欢、很想追求的“女神”，对汽车仿佛也不那么喜欢了。

新手开车撞个树、卡个门，其实都不是什么难以宽恕的大麻烦。这事往坏了想，丢人出糗了，被人看热闹嘲笑了，就像小智这样，一蹶不振，恨不得把这个“天大”的污点从生命中挖出去；往好了想，这可不是人人都能有的搞笑经历，在酒桌饭局上那么一讲，加点风趣的自嘲，不仅能博得好友或佳人一笑，更能给人以一种豁达、幽默的良好感觉，能给人留下更深刻、更特别的好印象。

对自己的过于苛求源于内心深处的不自信以及自我意识过剩的幼稚思维，要知道，首先没人像盯着钱包、手机那样时刻盯着你的一举一动，其次，就算人们巧遇了你的错误，当时说了什么做了什么，对他们来说，那也不过是一场无关紧要的小闹剧，你总是揪着不放，凭空感觉到压力山大，焦虑得要死，那就不仅会失去正午的太阳，更会失去夜晚的繁星，错过生命中其他美好的历程，被假想出来的“围观”吓倒，真的非常可笑。

有方法，不会卡

别太苛求自己，学会笑对那些已经发生的失误，你可以尝试：

1.跟朋友、同事们一起开个“揭老底大会”，大家都讲讲自己曾经犯过的错误，别那么严肃，就当是说个笑话，你会发现所谓的难以启齿，说出来之后也没有那么糟。

2.**把犯错的经历当成宝贵的人生财富**。错误帮助我们成长，也帮我们认识到自己能力的界限，知耻而后勇，发觉不足才会更加努力地爬向上坡路，犯错能让你变得更好。

3.**克服自意识过剩**。中学阶段的孩子容易患上“中二病”，幻想着自己就是世界的中心，关于自己的任何状况都会被无限放大。你已经长大了，把眼光转向更远的地方吧，你很重要，但对于别人，恐怕还没有你想象的那么重要。

7. 多些行动，少些思虑

有想法就要付出行动，别光顾着空想，抱着那些成功学读本不撒手，别以为读懂了他们的名人名言自己也能成功，成功的路有千万条，但绝对没有一条是靠瞎琢磨就能走通的。一夜思量千条路，明朝依旧买豆腐，久而久之，进而怨天怨地怨社会风气，烦躁不安，焦虑不已，其实哪有尽过力啊，不过是愁肠百转，天马行空地胡思乱想。

改变现状没有速成捷径，在失败面前一百次感叹也不如一次实干，如果不能被付诸实施，再周密的计划也是一文不值，缺乏执行力会让人胆小又软弱，难成大器。

在又一次竞岗失利后，郭晓夏来到了科长的办公室，她不服气，为什么她已经在这个部门干了五年，有着丰富的经验和良好的业绩，但好不容易空出的副科长位子却给了刚到单位一年的尹瑶。科长给她倒了一杯水，语重心长地对她说："晓夏啊，你都来这四年多了吧，咱们单位的情况你不是不了解，现在上边一心想要提升整体素质，这两年招聘新人都是从硕士生起步的，本科生都不招了，你这个大专生……当然了，我不是说你不行，也不是歧视，但是你要理解这个规则，我也很为难，要不你去考一个专升本？我支持你继续往上走走，大专确实有点说不过去，可能不光是竞岗，未来高学历的新人多了，你也要考虑自己的角色，你说呢……"科长的话说得已经再明白不过了，晓夏感觉自己脸颊滚烫，十分羞耻，但这番话对她来说并不值得震惊，因为就算科长不说，她自己也几乎每天都在思索，都在纠结这件事。

郭晓夏不是个好逸恶劳的人，也不是没有理想和抱负，只是当年读完大专因为专业对口、条件合适就进到了这家单位，五年来她努力工作，通过对专业知识的钻研，在业务能力上并不输给别人。现在为了竞岗再回到学校去读专升本或者考硕士研究生，她不确定是不是真的有实际意义。但想到这里她会更纠结，所谓“实际意义”意味着什么呢？像现在这样竞岗失利，每次都因为学历不够感觉低人一头，如果拿到了学位证，是不是就能昂首挺胸，拥有更多机会了呢？单位这边是一个萝卜一个坑，离开现在的岗位去进修，天知道回来时自己的“坑”还在不在？年年招新人，自己顺利拿到学位要数年时间，万一考学不顺利呢，是不是会耽误更久最后竹篮打水一场空？

在这样反反复复地思量和纠结中，一天一天过去，一个月一个月过去，晓夏几乎每天都在考虑该不该迈出这一步，需不需要趁着年轻再拼一把。看见新上任的副科长有了独立的办公室，有了专供差遣的助理，还能给自己发号施令，她就会羡慕嫉妒得不行，恨不得立马放下工作，进修拿证，让领导和同事们都看到自己的能力；看见每个月工资卡上将近一万元的收入，她又会想，现在就是硕士研究生刚毕业也拿不到这么多薪水，读书有什么用呢，不过是花钱耗时混一张纸，自己就是读到博士，没了现在这份好工作，还不是全做了无用功。几次赌气时买的教材，在月月发薪水时丢到了角落，她想给自己宽宽心，安慰自己只要有份稳定的工作，有挺丰厚的收入，就不要去跟人攀比，当不了领导就不要想太多，但在高学历的年轻新人包围下，她心里不痛快，渴望能像他们一样凭着闪闪发光的证书挺直腰杆工作，加上对未来可能被新人取代的恐惧一直都在，忧思一口一口吃掉她的快乐，烦躁愤恨的表情占据了她的面庞，她觉得自己快要精神分裂了。

郭晓夏是个典型的“墙头草”，认识到自己目前有什么不足，也渴望着做出改变，但是琢磨一万遍也下不了狠心走出变革的第一步，她难受，她焦虑，一下有劲头，一下又泄了劲，在进退间游移不定，在得失上纠结不清。

如果你也面临着类似晓夏的抉择，甚至你现在的生活并不是你想要的，那就勇敢坦率地回答自己：究竟什么是你想做的事情、适合你的事情？不要让别人主宰你的生活，更别让各种琐碎繁杂的借口阻碍你前进的脚步，因为宝贵的生命只有一次。掰着手指头数数，你这辈子真正能去享受的日子不过一万天，是要这一万天过出自己的风格，还是重复着别人设定好的一天重复一万次，庸庸碌碌混吃等死，都由你自己决定。想好了就去做，别再“等有机会了再说”，绝大多数“等有机会”的事根本不会实现。机会是自己给的，不是靠等来的，你真的做了，焦虑的源头不见了，自然就不会再左右为难，去画出自己生命的轨迹，你一定要快乐地创造并享受生活。

有方法，不会卡

告别迷茫的焦虑，拒绝做“空想家”，你要明白：

1. **空想=0，空想+空想=0，空想×1000000000000=0。**

2. 不如别人的地方，靠幻想是不可能变强的，想要的东西，靠空想是不可能得到的。你痛苦，不是因为你没有什么，而是因为你总在穷琢磨自己为什么没有，自己有了会怎样。

3. 成功学的书读起来爽，实际上跟童话没有区别，如果你不能像成功人士那样挽起袖口拼命地实干的话，永远只能是个膜拜别人成就的失败者。

8. 豁达才是大智慧

不知从什么时候开始，“斤斤计较”也有了自己的教派，有人耗费大量的时间研究怎么能在任何小事上都不吃亏，怎么能让别人知道自己睚眦必报的厉害。身边的每个人都是他们的假想敌，揣着恶意看世界，果然哪里都是需要教训和惩罚的“讨厌鬼”，敌弱我强时就不遗余力地发动攻击，敌强我弱时则憋着一肚子的怨气暗自较劲，力争把自己修炼成对付别人的“高手”，恨不得一句话噎死人才叫有本事、有智慧。

凌蓉最近发现一个有意思的网站，在这个网站的论坛里，很多网友在分享自己勇斗“极品”的事迹和经验，那些被他们称作“极品”的人，可能是他们身边的同事、同学、朋友、亲戚、恋人、伴侣、饭店服务生、老师、一起等公车的陌生人等，而他们的口号是“以眼还眼、以牙还牙”，几个大神级别的“毒舌”版主坐镇，向凌蓉这样一肚子憋屈，想好好教训对方又不知该怎么办的网友传授“报仇秘籍”。

之所以会对这个网站产生兴趣，要从两个月前凌蓉家隔壁搬来的新邻居说起，那是一个四口之家，夫妻俩都是忙碌的上班族，每天家里留下一个老太太带着个六七岁的男孩，让凌蓉恨得咬牙切齿的问题就出在这个小男孩身上。在她看来，这个孩子就是传说中的“熊孩子”。每天早晨不到7点一准开始嗷嗷叫，又是摔东西又是捶墙，更狠的是他父母还给他买了钢琴让他每天练习，每天晚饭时间过后，断断续续不成曲调的琴声就会穿透墙壁，钻进凌蓉的脑子里。因为这事，凌蓉几乎每天都生气，早晨伴着“熊孩子”的嚎叫醒来，连闹钟都省了，晚上下班回家想安静休息会儿，还要被“魔音”攻击两三个小时。偶尔赶上那个孩子不愿意练琴惹父母生气时，大人骂，小孩哭，更让她心里冒火。要说平时天天这样虽然烦人，也不至于让凌蓉想到报复，最难以忍受的是经过一周工作日的摧残，周末时候这家人竟然还让“熊孩子”上钢琴课，凌蓉从没料想过琴声能够把她逼到如此焦虑不堪、神经衰弱的地步。

看着论坛上网友们七嘴八舌的支招，凌蓉心里浓浓的烦闷和恨意在不断发酵，她想出了无数个“大仇得报”的场景，但由于心中还有理智，幻想起来再解恨，她也不敢去实施。放下自己的事不谈，论坛上其他网友们吐槽的经历也都够倒霉的，她跟着大家一起怒骂，一起出损招。闲暇时间，登录这个“睚眦必报”论坛几乎成了她每天最重要的活动，时间长了，凌蓉整个人的精神面貌都蒙上了一层乌云。她越来越不信任别人，越来越讨厌跟人接触，在她眼里，社会上充满了该死的“极品”和让她恶心的烂事，每张笑脸背后都藏着一把尖刀，每句关心问候的潜台词都是讽刺挖苦。

这天，蜷在沙发上抱着电脑的凌蓉又在痛骂网友爆料的恶心事，恶毒的语言从她的指尖噼噼啪啪地敲打到屏幕上，怒火已经无关邻居，无关小孩练琴的噪音。她也根本没有注意到，那让她困扰的噪声已经很多天没有响起过了。之所以还沉溺于这个充斥着郁闷和谩骂的网站，只是因为她压抑不了内心的暴戾，在社会打拼有太多的不如意，每天接触形形色色的人，发生那么多让她看不顺眼的事情，她想让那些人全都遭到报应，又不敢真的去跟谁正面交锋，所以只能通过网络发泄着自己心里的负面情绪。如果恶意有颜色，此刻的凌蓉一定已经陷进了一团漆黑之中……

凌蓉的生存状态让我不由得联想起一个很凄惨的成语——饮鸩止渴，她把自己泡在负面情绪酿成的毒酒里，越是解决不了现实的痛苦，越会依赖虚拟世界里跟她一样被负能量围绕的人们。近朱者赤近墨者黑，每天凑在一起交换对人生的绝望、对社会的控诉，就像是病毒与病毒交叉感染，凌蓉病了，她的心理越病越重，关键是她根本不想痊愈。

向穷吵恶斗和人身攻击中寻求生活的智慧，本身就选错了地方，真正的大智慧，存在于人与人之间积极和美好的交往中。善意和包容使人平和，内心的平静使人更满足、更快乐。豁达的人，看得开，想得宽，性格开朗，度量宏大，吃亏不心疼，受累不肉疼，绝对不怨天尤人、徒增苦恼。豁达大度地看待那些不如意的事，苦恼就会瞬间灰飞烟灭，很快恢复平和的心境。真正睿智的人，还会从不如意中找到幽默感，找到值得庆幸的点，掘取更多欢乐。

有方法，不会卡

做个豁达的智者，你要杜绝如下行为：

1.有了矛盾不正面解决，藏在心里偷偷记恨。就事论事，能解决就解决，解决不了也犯不着折磨自己，别人对不住你，你自己再生闷气，双份难受都堆在你身上了。

2.热衷于言语伤人，把注意力放在怎么打击报复上。难听的话谁都会说，说狠话不算什么值得骄傲的特技，成功让别人痛苦只能证明你的卑劣。

3.别纠结自己受过的伤。记住契诃夫那句话：如果你的手指扎了根刺，你应当高兴，感激自己的幸运吧——幸亏这根刺不是扎在眼睛里！

9.活在当下，把握现在

表面上看我们每个人都活在当下，都只能存在于此刻，但有些人却只有肉体跟随时间前行，心灵则留在了极乐或痛苦的过去。人的经历，尤其是激烈的、极端的情绪体验，不会因为时间的推移就消亡不见，反而会随着时间的积淀变得愈加清晰浓厚，这种知觉的积累让我们的生命有了厚重感，有了岁月风霜浸染后的稳重与老成。同时，也让我们中的一些人成了往昔的奴隶，背着一个个沉重的包袱，不断反刍着那“曾经沧海难为水”的愁怨。

王松认识柳雨的时候正赶上失恋，他的初恋女友觉得他没出息，不值得托付终身，所以在相恋7年后突然提出分手，找了一个美国人，远嫁海外。心爱的女人跟她的新欢登上飞机那天，痛不欲生的王松一个人跑去酒吧喝酒，喝成了酒精中毒，当他被送到医院急诊抢救时，负责照顾他的小护士就是柳宇。

柳宇听王松讲了自己的故事，温柔善良的她被眼前这个痴情的男人打动了，在王松出院后，他们成了朋友，偶尔会打电话聊聊天，一起吃个饭。柳宇成了王松的心理依靠，女友跟人跑了这件事对王松打击很大，但他很要面子，除了对柳宇，他不愿再对任何人谈起那段痛苦的经历。一来二去，俩人越走越近，都感觉到了彼此的好感，但王松心中的伤口从未愈合，那个抛弃他的女人还在他的心里。可能是得不到的永远最美，爱也好，恨也罢，王松对前女友始终念念不忘。他们所在的城市本来也不大，不管走到哪里，他都会如坠梦幻一样对身边的柳宇讲起他和前女友曾经来过时的甜蜜场景。起初柳宇把他的这些行为当做是深情痴心的证明，虽然也感觉别扭，但她说服自己要懂事，要宽容，既然爱上了这个男人，就要包容他、心疼他，七年的初恋感情，肯定不是说放下就能放下，反倒正是他的用情至深感动了柳宇，让她也想拥有那种刻骨铭心的爱情。

正式交往3个月了，王松的失恋情绪并没有任何好转，他心不在焉地与柳宇谈着恋爱，她越是温柔体贴，他就越是自私任性，时不时喝醉了大闹一场，念叨着前女友的名字又哭又笑。有一次还挑起嘴角冷冷地对柳宇说：“你永远不是她，谁都不是她。”柳宇说爱他，他却说：“你说你究竟爱我什么？女人都是水性杨花，你早晚也会跟别人跑！”一句话噎得柳宇不知道该怎么回答，只能哭泣着不再说话。

柳宇是个漂亮的小护士，性格温婉，家境也很好，追她的人不说排大队也绝不只有王松一个。她一直想找一个对待感情认真、痴情又有责任心的男人，本着宁缺毋滥的原则一直没有恋爱，但是像王松这样对前任执着不改已经大大超出了她想要的“痴情”，跟这样一个整天活在回忆里的男人恋爱让她总是很受伤，柳宇的情绪也渐渐被阴霾笼罩。

记不清是第几回听见王松那死气沉沉的宣言，他又说：“我的心已经死了，我已经不会再爱了。”柳宇没有哭，她微微笑着说：“既然是这样，我们就分手吧，我没法跟一个心如死灰的人共同生活。”王松抬起头看着自己的女朋友，她脸上没有愤恨，没有不甘，笑得很真诚，那笑容就像第一次在重症监护室他睁开眼睛时看到的一样——温柔、优雅、平和。

王松又失恋了，这次他不知道该去埋怨谁，看上去是女友主动提出分手抛弃了他，但他没有底气指责对方。失去柳宇之后，他的脑海里都是她那瘦弱却一直坚定跟随着他的身影，胸口闷闷地疼痛着，谁说他的心已经死了？

王松是个痴情之人，更是个痴傻之人，他不仅用前女友的错误惩罚自己，还惩罚了真心爱着他的另一个女人。拥有时不知道珍惜，他任由旧伤口叫嚣着疼痛，等到失去了，又陷入求之不得的郁闷中。虽然文艺一点讲，在男女情事中得不到的最美好、失去了的最难忘，但脚踏实地，回到现实中想一想，生活不是取悦观众的文艺片，恋情受挫、姻缘不保，谁心里难受谁知道。

活在当下，才能自在、洒脱，才能给新的感动和惊喜留出余地，逝去了的青春，逝去了的爱情，逝去了的生命，逝去了的金钱、荣誉和地位都已经随时间的洪流远去，你哭过、笑过、痛过也幸福过，想战胜过去的心魔，只有靠现在、靠此刻。

有方法，不会卡

活在当下，告别往日阴影带来的焦虑残留，你可以尝试：

1.**把困扰你的过往写在纸上，然后一把火烧掉**，看着火焰吞噬你写下的点点滴滴，用坚定的声音对自己说：过去就是过去了，已经结束了，没了，我不会再受它影响。

2.**少追忆，多展望**。好汉不提当年勇，纪念日只在特别的时刻才显得贵重，如果你每周有一半以上时间沉浸在旧事里，心情受到记忆里的情节影响，就要有意识地做一次情绪垃圾大扫除了。

3.**怜取眼前人，善待新朋友**。谁跟你在一起，就对谁好，不要让现在的轻慢冷漠变成将来悔不当初，忘不了旧人，可以假想对方已经死了，人死如灯灭，无须再挂心伤怀。

◎ 本章小结 ◎

对付焦虑情绪，我们可以分3步走：

第一步，提高知觉力，直面焦虑产生的根源。正视压力可以帮助我们减少恐惧和不安，打消对未知事物的消极看法，理性分析、认清当前形势，就等于拨开云雾让阳光照进来，让焦躁和不安无所遁形。

第二步，提高抵抗力，用转化法击破焦虑的源头。要么把巨大的压力转化为前进的动力，要么把内心的不安转化为渺小人生中的幽默，适度的自嘲和夸张的表达对缓解焦虑颇为有效，大声说出你的恐惧，压力就减了一大半。

第三步，提高免疫力，压根与焦虑绝缘最好。广交朋友，培养健康的业余爱好，维护融洽和谐的家庭关系，情绪不稳定时及时向周围的“小太阳”们求援，获取勇气和力量，笑着对自己说：我叫不紧张，我什么都不怕。

忧郁，会让你整个人都黯淡无光

忧郁有4大危害，正是这4个魔鬼让忧郁的人远离了幸福快乐，过着行尸走肉一般的痛苦生活：

第一，忧郁让人思维消极，万事万物都能被琢磨成坏的，被“坏人坏事”围在中间，人怎么能不叹气不绝望？

第二，忧郁让人大脑萎缩病变，会使人脑子变得迟钝，记忆力变差，失眠健忘头昏脑涨，别说积极创造新生活，就是应付一般工作都会困难重重。

第三，忧郁让人肌体功能退化，植物神经功能紊乱，食欲减退、体重下降、性欲减退、便秘、乏力，生活质量大幅降低，感觉活着没劲，对生的希望也越来越麻木，罹患抑郁症风险大增，寿命缩短，自杀率升高。

第四，忧郁让人变成孤家寡人，众叛亲离的日子里只能一个人面对不如意的人生，缺人爱，少人疼，就算偶尔有了值得开心一下的事，也没有人分享，到了晚年尤其孤苦伶仃。

1. 心情阴郁时，不妨到有阳光的地方走一走

科学研究表明，阳光对情绪确有益处，尤其是在阴冷的冬天，难得的暖晴天会改变人们的态度。实验显示，在阳光明媚的日子里，人们会有更积极向上的想法，甚至会更乐于帮助别人并遵守社会公共秩序，“光疗”被证实对抑郁症有某种神奇的治疗效用。

不管我们贫穷还是富有，高矮胖瘦美丑，阳光对我们都一视同仁，免费供应。当它温暖地洒向大地，谁都可以投入它的怀抱，尽情享受它带给整个世界的生命力，沉郁的湿气被一扫而光，再加上适量的户外运动，更能让人顿时清爽舒畅。

李娜结婚已经五年了，她与丈夫冯啸之间感情稳定，但早已没了新婚小两口的浪漫甜蜜。结婚之初俩人就贷款买了个位于市中心的两居室，他们每个月稍微节俭一点，日子还算过得轻松，可年初婆婆被查出患上了尿毒症，现在房贷月供还压在肩上，虽然他们还没有养孩子，但俩人上班赚的那点钱也不够月月往银行和医院送的。朝九晚五工作完了还要加班做些私活，别说是休闲娱乐了，就是充分休息也成了奢求。

刚结婚时，李娜和冯啸习惯周六上午一起散步去离家不远的超市采购，那条路绝大部分都是在一个沿河的街心花园里，夫妻两人牵着手，漫步在石子路上，阳光洒在河面和草地上，温暖又柔和。在那样美好的氛围中，他俩聊聊工作，聊聊生活，聊聊梦想，家长里短的小麻烦都融化在了灿烂的阳光里。后来，越来越沉重的生活压力让他们无心去欣赏身边的美好景色，也没有多余的闲暇时间散步购物，很多时候，冯啸沉默着，坐在沙发上一口一口地猛抽着烟，而李娜则瘫倒在他身旁，俩人对着电视，却根本

不知道电视里在播什么，累得话也不愿意说，什么都不愿意想。

一个周五的晚上，因为医院又催交药费，冯啸心烦意乱地回到家，一进家门，漆黑一片，他以为李娜又在加班，便扔下外套和包，摸进卧室就想倒头大睡。没想到往床上一躺，正砸在了李娜身上，蒙着被子睡得正香的李娜被丈夫这么一砸，一下子惊醒过来，她掀开被子就火了，劈头盖脸对冯啸就是一顿吼。她太累了，这种高负荷运转完全不得休息的生活她受够了，为了赚那永远也赚不够的房贷和医药费，真可以说是披星戴月、早出晚归，好不容易这个周五因为公司网络设备故障提前下班，她想踏踏实实睡一大觉，周六一早还要去面试新的兼职……刚才那一砸仿佛砸开了她情绪的闸门，委屈、不甘、疲惫和绝望倾泻而出。面对妻子的爆发，冯啸惊讶得不知该如何安慰她，他知道李娜嫁给自己没几年就跟着他过这种苦日子一定不好受，但每天看李娜都在很积极地努力，比他还要拼命地工作赚钱，他便忘了妻子是个小女人，根本没有他想象得那么坚强。

被赶出卧室躺在沙发上的冯啸听着妻子断断续续的抽泣声渐渐停了，原本也很累很困的他却怎么也睡不着，回想着当初与李娜相识相知，恋爱结婚的一幕一幕，可现在她的脸上没有了撒娇耍赖的表情，没有了恬淡舒心的笑容，她眉头紧锁，时常叹气，不再提任何要求，只默默地与他一起承受着家庭的重担。自己一直都忽略妻子的感受，让她的生活变得只剩下辛苦，了无情趣。第二天清晨，冯啸拦住打算去面试新兼职的李娜，拉着眼圈红肿的她出去吃了早饭，又走上了那条熟悉的石子路，他对妻子说可以考虑先把现在住着的这套房子租出去，然后租一处便宜些的小房子，这样经济压力一下就减轻了，办法总是会有的，他已经认识到牺牲两个人的生活疲于奔命只会带来更多伤害，让他们失去更多，所以他会更体贴妻子，不会再让她活得像行尸走肉……

晨光中，两人手牵手慢慢走着，李娜的心情平静下来，长时间压得她喘不上气的郁闷慢慢散去了。她抬起头，眯着眼看看天空，发现自己需要的并不多，就算再辛苦，只要能偶尔这样出来走走，沐浴在温暖的阳光下，她就不会被生活压力击垮，不会那么憋屈绝望。

在生活节奏过于紧凑的大都市里，有很多像李娜和冯啸这样身心俱疲的年轻夫妻，现实的无奈让他们没有太多享受闲暇娱乐的时间，那么多可以放松身心、愉悦精神的活动，对他们来说不是不喜欢，而是真的没有那个条件去做。为排遣压抑的情绪，疏解巨大的压力，其实晒着太阳散散步就是一种非常便捷有效的调节方式。

晒太阳对抑郁的缓解作用不仅是在心理层面，更是基于人体对阳光产生的生理反应。医学研究表明，太阳光有助于5-羟色胺在人体中的合成，5-羟色胺又称血清素，它能使副交感神经活动增强，调节人的情绪、精力、记忆力，让人产生愉悦的感觉；阳光照射下的人体出现热效应，使得毛细血管扩张，血液循环加快，皮肤中维生素D和组胺增高，血液中血红蛋白、钙、磷、镁等含量上升；人的眼睛和神经纤维感受到柔和的阳光时，肾上腺素、甲状腺素及性腺素分泌都会增加，从而唤起人体外周淋巴细胞的活力，有效抵抗抑郁。

有方法，不会卡

充分利用免费光疗，你可以尝试：

1.早睡早起，工作日与清晨的阳光一起醒来，伴着初升的太阳出门。

2.有条件的话，上班路上选择一段较为清静，环境相对较好的路步行，既可以锻炼身体，也可以愉悦精神。

3.周六或周日的上午去较大的公园散步，可以是和家人、朋友一起，聊聊天，晒晒太阳，也可以一个人去，想想心事，做做深呼吸，享受属于自己的私密时光。

2. 自卑，是因为缺少对自己的欣赏

新东方创始人俞敏洪先生曾说过这样的话："人不能自卑，自卑的人把自己看得太低，什么事都做不成；人最重要的是别太关注别人的眼光，不断和自己比，和自己较劲，让自己成熟和进步，取得自己的天地，在别人眼中活自己，永远是别人眼光的附庸，在自己眼中活自己，就是自己的主人。"

有自卑情结的人轻视自己，不管自己是不是真的有某些缺陷和短处，他们都会觉得自己不行，他们不接纳自己存在的状态，或自惭形秽，或故意逞强，甚至把别人中性的态度曲解为鄙视，不相信别人欣赏和喜欢自己，并由此陷入了不可自拔的痛苦境地，心灵笼罩着永不消散的愁云。

蓝月是公司里公认的大美女，人长得漂亮，又多才多艺，温柔善良，工作能力也出众。正所谓"爱美之心，人皆有之"，不管是领导、下属还是门口传达室的大爷，没有不喜欢她、偏心她的。那些适龄的单身男青年更是不遗余力地讨好她，想把她追到手、娶回家。谁也没有想到，就是这样一株沉鱼落雁的鲜花，竟然昏了头，非要插林枫这坨"牛粪"上。

蓝月喜欢林枫，这已经是全公司公开的秘密了。他们曾经在同一所中学读书，聪明上进的林枫是个很沉默的男孩，套用一个新词来说，他就是个彻彻底底的"学霸"，成绩稳居年级前三。那时候蓝月还是个傻乎乎的小姑娘，长得很可爱，却称不上多漂亮，坐在林枫身后的她被眼前那个白白净净的男同学深深吸引，总半开玩笑地趴在课桌上问他以后长大了要不要娶自己。而林枫准会羞红了脸，任她怎么用铅笔扎用尺子捅，就是不回头，却又总在放学的时候把蓝月的书包放上自己的单车，把送她回家。

朦胧的初恋随着高考的结束画上了句号，一晃十年过去了，已经出落

成“女神”的蓝月在新公司又遇到了那个熟悉的身影，林枫埋头工作的样子与当年认真读书时别无二致，那瘦削的肩膀、安静的笑容依旧让她怦然心动。这次她下定决心，一定要来个华丽丽的“倒追”，让曾经懵懂失去的初恋开花结果。

在蓝月大胆热烈地追求了林枫足足两个月后，林枫才终于主动约她一起吃个午饭，说要谈谈俩人的事情。蓝月这叫一个心花怒放，她特意买了新裙子，化了美美的妆，幻想着有情人终成眷属的感人时刻。没想到两人落座后，林枫却冷下脸对她说：“我承认你长得很好看，但是你不要以为全世界男人都会围着你转，请不要再拿我寻开心了，我不想陪你玩什么感情游戏，作为你的老同学，我恳请你自重。”蓝月被他这番话气得差点掀了桌子，她就不明白自己爱上了对方，男未娶女未嫁的，怎么就成“玩弄感情”了，怎么就“不自重”了。蓝月哭了，她顾不上脸面，哭着把自己曾经和现在对林枫的感情都说了出来，林枫则不以为然，他轻叹着问：“你说你这样一个‘白富美’，你能爱我什么，我这样一个臭打工的有什么值得你喜欢的，你了解我么？我可没车没房，月薪还没你多，不是‘官二代’也不是‘富二代’，我家里很穷，从上学时候就是，到现在还背着债。咱俩不是一个世界的人，你别闹了，该找谁找谁去吧。”如此直白地拒绝是蓝月完全没有料想到的，她擦干眼泪，对眼前这个冷漠的男人说：“既然你把话说到这份上，我也直说了，你家的情况从上学时候我就了解，从那时候起我就在追你，你就一直在逃避。你现在工资多少，有没有车和房，我好歹是你的同事又是老同学，怎么可能不清楚，你问我喜欢你什么？对，你真没什么值得喜欢的，你自己都不喜欢自己，我又为什么要像傻子一样喜欢你！我自重，我就是一辈子嫁不出去也不会再来求你！”说完她丢下愣在当场的林枫起身跑出了餐厅。

看着远走的蓝月，林枫心里非常难受，他使劲咽着唾沫，攥紧拳头。自己怎么会不知道蓝月对他有多认真，但他不敢面对自己的真心，他总觉得一个家境贫寒的穷小子跟蓝月那样的“白富美”在一起，就算开始再怎么美好，最后还不是因为自己没本事而分道扬镳。他不想拥有之后再失去，更怕有朝一日会被自己心爱的女人看不起，为了避免以后受伤害，索性一开始就狠狠拒绝对方，也掐灭自己对爱情的幻想。

林枫因为自卑错失爱情，跟身边那些“富二代”比财富，他觉得自己比不上人家，所以配不上蓝月。被一个优秀的美女爱着，他却感觉不到幸福，反而忧愁纠结，患得患失，仿佛无法接受任何好事落在自己身上。

每个人对自己的相貌、身份、气质、特长和地位都会有不同的评价，选取的参照物不同，得出的结论就不同。自卑源于人类对认知和机体能力的限制的臣服，更是对比自己与同类价值率形成的“比价”。人人都会有自卑的感觉，面对更强大、更优秀的人时，发现自己身上的不足，是“知耻”，若能知耻而后勇，那么自卑就是有益于个人发展的，但是一个劲儿知耻，却不肯面对问题，勇敢起来，就变成了自卑的奴隶，变成了真正卑微的人。由于我们不能从根本上把自己变成别人，所以只能从努力改善自身和停止无谓的攀比入手。

有方法，不会卡

战胜自卑，你可以从很小的事情开始，改变自己的思维方式：

1.停止观察自己的缺陷。你有缺陷，谁没有？既然人人都有，就别总揪着自己的高矮胖瘦贫富美丑不放，看看自己的优点和长处，别人有，你也有，不要小看自己。

2.别拿自己的缺点去拼别人的优点。就像不要用自己的长处欺负别人的短处一样，刻意贬损自己不会给你带来任何好处，尺有所短寸有所长，自我摧残、自我折磨的事，绝对不要做。

3.不要总幻想别人会看不起你、议论你、背地里说你坏话。不是因为别人都是好人或者别人都爱你，而是因为大家都更在乎自己，你的缺陷只有在你心里才大得可怕，别人才没有那么在意。

3. 一时得失别太斤斤计较

有些人习惯于斤斤计较一时的得失，占了便宜暗自狂喜，吃了亏肝肠寸断。当然了，在他们看来，自己极少有占便宜的时候，总是别人对不起自己，总是别人亏欠着自己，最看不得别人得一点儿利，最容不下自己受半点儿累，但他们普遍又都感觉自己活得很累，心里累。整天防备着别人害自己，难免忧虑、生气，气血运行不畅，阻塞心脉，本就不宽敞的心胸更狭窄了，掉进一事一物的纠结里，失去了心灵的坦然和平静，郁闷成了生活的主旋律。

有一天，一位看样子有五十多岁的老妇人来到律师事务所找律师，说自己要告公交车公司和一个不知道姓名的男乘客，让他们承担“刑法责任”，进监狱，一边说一边就掉下了眼泪来。负责接待的小律师看她那样子，赶紧请她落座，端上茶水，问她到底是出了什么事，老太太喝了口茶，长吁一口气，说起了她半个月前的那次遭遇。

这位赵老太太在半个月前的一个周五去市中心逛商场，逛了大半天，感觉很累了，就在商业街站乘坐公交345路回家。当时的时间已经接近晚高峰时段，等车的人很多，赵老太太随着拥挤的人流挤上公车后，便往老幼病残和孕妇专用座区域慢慢蹭。从商业街站到她家有6站，她年纪不轻，逛商场也已经很累了，要是一路站着回家，身体肯定吃不消，所以赶紧找个座位坐下来是她的当务之急。等她费了半天劲终于蹭到了专用座区域，看见椅子上基本已经坐满了老人和小孩，唯一还剩下一个靠窗的座位，被一个年轻男人占着，这个人也就是她要“送进监狱”的那位男乘客了。赵老太太心想，我这都过来了，你还不赶紧站起来让座，一个大老爷们坐在特殊人群专用座上也不害臊。这么想着，她就“咳咳”地干咳几声，希望那个人有点自觉性，赶紧站起来让座。哪承想，那个人就像聋了一样，眼观鼻、鼻观口，一副无动于衷的样子。这可气坏了赵老太，她转向正在不远处忙着收钱撕票的售票员，问道：“姑娘，你们这车上老幼病残是不是有专用座啊！”忙得焦头烂额的售票员这才看见她，赶忙对着话筒号召年轻的同志发扬风格，给老人让个座位。赵老太有些得意，转过头看着那个“没素质”的男人，没想到那人就像没听见一样，依旧不肯起身让座。赵老太这叫一个气啊，她呼哧呼哧喘着气，狠狠盯着那个人，又瞪放下话筒继续忙活的售票员几眼，心说我今天赶上这俩人真是太倒霉了。她这生闷气，就没注意扶稳站好，汽车在转一个急弯时，赵老太由于惯性的作用摔倒在地。车上人多，那一下也没摔得太重，但是爬起来的她发现自己漂亮的真丝裙子被公交车椅背上的螺丝钉刮了一道小口子，把她给气得够呛，周围的人各自站着，谁也没有站出来为她说话的意思，那个无耻的“占座男”还是淡定地坐在那里，好像她气也好摔也好，完全都与他没关系。而那个售票员竟然只是随口安慰了她几句，并且嘱咐大家扶好扶手，并没有再帮她说话，更没有指责那个不让座的男乘客。

这么一通折腾一通怄气，赵老太太也到站了，到家之后她的气也没消，反而越想越堵得慌，当晚就犯了高血压被送到医院抢救。一个礼拜后出院了，身体稍微好些就跑去派出所报案，一门心思要找到把她气病的公交车和男乘客，结果警察说这事不归他们管，赵老太太实在没办法才想到了找律师帮她“报仇”。

听她把整件事情说完，律师也只能给出跟警察一样的答复，因为一个座位，这位老太太竟然闹出这么大的动静，半个多月了还沉浸在郁闷的情绪中，能解决她苦恼的只有心理医生了。

姑且不论那位不肯让座的男乘客是不是真的十恶不赦，售票员是不是真的助纣为虐，就因为这一个座位，赵老太太又是住院又是报警，把自己折腾得心力交瘁，明眼人一看都知道不值当。但正是应了那句话：只缘身在此山中。她掉进了斤斤计较的坑，在怒气的驱使下，她分不清什么是值得什么是不值得，也不理智客观地分析问题，只一味责怪他人，想着报复，自己的身体健康越是受害，越是把所有的不舒服归罪于那一次小小的不愉快。

等锱铢必较的恶性循环开始后，再想着跳出来看问题就难了，所以我们要在一开始就做到豁达一些，宽容一些，别让怒火攻心，蒙蔽了眼睛。想来人的一生不过百年，何必常怀千岁忧愁？心里的结打开了，一笑解千愁，什么事，多严重，都大不过生死。只要活一天，就该快乐一天，做人大度一点，做事大方一点，哪怕一时吃了小亏，只要不生气，等过去了往回想，也没什么大不了的。

有方法，不会卡

学着克服遇事爱计较、揪住一点儿损失就闹心的思维定式，你要知道：

1.命里有时终须有，命里无时莫强求。公车上这个座位我没坐上，那是它跟我没缘分；这个人我没追到，那是我俩没缘分，强求未必有好结果。

2.**无能为力的损失，让它随风去**。座位在人家屁股底下，你生气只能是气自己，这不成了帮着别人跟自己较劲了吗？不生气才是帮自己。

3.**退一步海阔天空，少吃一口死不了**。公车上没有空位了，我就站着，久坐对身体没好处，稍微站一会就算累也只累这一程，且比回家生闷气一整天强，爱惜自己，不因为小事上求之不得而郁闷，你得到的是内心的安乐。

4. 没有一帆风顺的人生，遇到挫折仍需前行

心理学上说的挫折是指个体在从事有目的的活动过程中因客观或主观的原因而受到阻碍或干扰，是动机不能实现，需要不能满足时的情绪体验。通俗一点说，想干的干不成，想要的没得到，人就会自然而然产生不高兴、不痛快、不舒服的感觉。

习惯于消极思维的人把挫折看成是永久的、普遍的、人为的，并把这种欲求不满的负面情绪无限放大，否定自己，也否定生活；而拥有积极情绪模式的人则把挫折看成是暂时的、偶然的、并非人力的，他们不会因为失败怨恨他人，相信通过努力可以改变受挫的现状。在努力的过程中，他们能够体会到不断尝试和创新的快乐，活在正能量的包围中，比其他人更易获得成功的喜悦。

王裴是个忙碌的上班族，同时也是个热衷于创作的业余作家，其实比起每天朝九晚五地坐在办公室处理市场报告，她更喜欢徜徉在文字的世界里，对着电脑编织属于自己的梦境。周围的同事和朋友们都知道王裴喜欢编故事、写小说，在读了她自娱自乐写的东西之后，也纷纷夸她文笔好，想象力丰富，写的东西还真有那么点勾人往下看的意思，还有朋友建议她既然那么喜欢写作，不如辞了工作就当自由撰稿人。在亲友的鼓励下，王裴开始筹备转行做自由撰稿人，她也不懂入行都需要做什么，凭着对创作的喜爱和还算不错的文笔功底，她最先想到的也就是给各家网站、杂志社和报社投稿了。

上班族的工作是辛苦的，王裴每天比别人早起两个多小时，天不亮就冲去公司，打开电脑开始写作，等八九点钟大家陆陆续续都到达办公室开

始工作了，她也要赶紧收敛心神，投入到紧张繁忙的业务中。中午吃完饭，别的同事有的趴在桌上小憩，有的闲聊、打游戏，王裴匆忙塞几口饭就又坐回电脑前写稿，晚上下班后的时间也都奉献给了创作。

怀着忐忑不安的心情，她把几篇完稿的征文分别发给了杂志编辑，然后一边继续写新的，一边等待回音。有的编辑很快就给了她回复，内容是很客气的婉拒，而有的稿子投出去就像石沉大海，一周过去了，半个月过去了，一个月过去了，始终没有被采用的消息。后来再投出的稿子依旧是被拒绝，折腾了四个多月，写了近百篇各种文体的稿件，竟然没有一篇成功刊载。王裴心里很难受，那些呕心沥血的作品不被认可，自己的写作能力不被认可，她甚至怀疑自己是不是根本没有天分，就不是当作家的料。正当她因为梦想之路受阻分外沮丧的时候，领导找她去谈话，原来每天写稿的事被好事的同事传到了领导耳朵里，在领导看来，他花钱雇王裴可不是来做私活的。就算王裴再三解释，自己是利用工作之余的时间写作，工作都有按时按量完成。领导却不同意，他说："你成天疯了心地写东西，精力都用在那上边了，人的精力总是有限的吧，一心不能二用，工作肯定就不能保证质量，你自己掂量着吧，实在不行你就回家做你的大作家去，对了你写了这么长时间，出版什么大作了吗？告诉我让我也拜读一下啊。"王裴的脸一下子涨得通红，她知道领导听说她在写作的时候一定也听说了她遭遇的窘境，这么问恐怕是想让她难堪、知难而退。

离开领导办公室，王裴坐在自己的座位上想了很多，她不想放弃成为作家的理想，哪怕只是业余的也好，每天能做自己爱做的事，人生该是多么幸福。她打定了主意，决定不再盲目投稿，第二天就去报了一个在职的文学专业研究生班，每天下班都去认真地听老师讲课，闲暇时间大量阅读各类书籍。时间飞逝，两年后，王裴已经是一个可以靠自己的文字过上小康生活的专业作者了，拿到文学硕士学位的王裴向领导递交了辞呈，还把刊载有自己作品的杂志送给了领导和同事们，那个曾有些看不起她的领导成了她的忠实粉丝，她坚持信念最终实现梦想的故事在公司也成了佳话。

挫折感伴随人的一生，引起紧张、恐惧、抑郁、悲伤、愤怒等主要的消极情绪体验，智者达观，能把挫折看成上天的赐予，那也不意味着他们喜欢受挫。没有人喜欢受挫，就像没有人喜欢吃不饱、穿不暖，过着风餐露宿的苦日子。但是不喜欢不意味着遭遇挫折时一定要痛苦消沉，正是面对挫折时不同的应对方式，把我们区分成了不同的人——成功者或是普通人。

普通人任由挫折摧残自己意志，安全感和成就感的贬损让他们害怕，恐惧让他们心灰意冷，变得悲观、忧郁，裹足不前；成功者的眼里挫折不过是一种不太好的经验，刺痛了、知道了、过去了，无须为了一时的失落和挫败就断定未来不好。相反的，他们对美好未来的期许会因为经历磨炼而更具体——虽然不知道怎么做一定能成，至少知道怎么做不成，所谓从失去中淘金，正是这个道理。生命中的荆棘和泪水就像鲜花和掌声一样值得珍藏，我们应该学会乐观地接受挫折的挑战，在战斗中，我们可以成为无畏的勇士，也可以成为自己和别人的英雄，战胜挫折，不仅能品尝成功的硕果，更能让我们成为人生阅历更丰富、更有内涵的人。

有方法，不会卡

遇到挫折时，已经明显感觉到了自己的消沉，你可以尝试这样想：

1.永远的晴朗会让天空失去颜色，只剩下快乐会让生命变得单调，蹦一蹦才能够着的果实总是惹人馋涎欲滴，堆在脚边的反而没有什么诱惑，你需要挫折，它让成功的含金量更高。

2.享受过程，因为人生本身就重在过程，我们唯一不能改变的是生和死，生命是我们每个人拥有的最大财富，而死神最终会夺走一切，在它降临之前，经历的全部都是所得。

3.有人因竹篮打水一场空而悲伤哭泣，就有人因为竹篮打水一场空而想到大个的竹篮可以捞虾捞鱼，打水的方式成千上万种，何必因为这次用了竹篮没打上来就万念俱灰呢。

5. 坦然面对生活中不幸

天有不测风云，人有旦夕祸福，生活中时有天灾人祸发生，它们难以抗拒，难以预测，我们为什么要学会坦然面对生活中的不幸？为什么要逼自己学会笑着面对、接纳、处理或放下刻骨铭心的伤痛？为什么明明非常想躲在无人的角落里大哭还要努力地笑着上路？因为我们有责任让自己短暂的生命尽量耀眼炫目，就算最终不能像太阳般耀眼，就算它如流萤般微弱渺小，不能点燃别人的生活，至少也要照亮自己脚下的路，经历不幸，跨越悲伤，做一颗“开心果”，不是为取悦他人，而是为了帮助自己。

宋薇年幼的时候，母亲曾经告诉她：“人倒霉的时候都是在为幸福积聚能量，不幸则是幸运的前奏，很痛苦之后才能迎来很幸福，所以不用害怕遇到不好的事情，也不要贪图幸运，因为人这一生，两只手一手握着甜一手握着苦，总量都是一样的，时运有波峰就会有波谷，要像珍惜幸运那样去珍视熬过不幸的宝贵经历。”小宋薇那时并不能理解母亲话里的含义，直到她大学毕业那年，一场车祸夺去了母亲的生命，泪流满面的她在母亲的墓碑前放下一束鲜花，搀扶着失魂落魄的父亲缓缓走出陵园。宋薇想，所谓“很痛苦的不幸”，已经降临在了她的世界，独自一人的深夜对着母亲的照片，满满的苦楚充满了她的内心，化成滚烫的泪从她的眼眶中不断涌出来。

人生在世，终有一死，这样的道理宋薇一直都懂。她小心收拾起自己的悲伤，对父亲甜甜地笑着，从不因为母亲的逝去自怨自艾，也不会借题发挥博取同情。也许是母亲在天之灵保佑，也许是真的像母亲所说，幸福就跟在不幸身后，宋薇遇到了她的“白马王子”。那个优秀得有些耀眼的男人欣赏她的大气豁达，疼惜她的懂事担当，嫁给丈夫后，宋薇过着富足甜蜜的生活。就在婚后三年两人打算要孩子的时候，她却突然被诊断出乳腺癌，这让深爱她的丈夫寝食难安，几乎崩溃。而宋薇却一直很淡定，她安慰丈夫说："我手里的苦看来又要撒掉一些啦，剩下的一定都是甜呢，等我们老了，一定会比现在还幸福。"宋薇的手术非常成功，身体康复后她与丈夫更加恩爱了，一年后他们有了自己的宝宝，是一对可爱的双胞胎女儿。宋薇又想起母亲的话，只要熬过了不幸，生活就会回到明媚的阳光中，所以任何时候都不要失去希望，更不要被暂时的苦难打倒。母亲讲给她的话，她也教给了自己的女儿，看着两个小丫头一脸认真，眨着大眼睛似懂非懂的样子，宋薇突然理解了母亲当年的心情，这种历经岁月沉淀的幸福，只有"过来人"才真的能懂。

孩子们渐渐长大，宋薇的父亲日渐衰老，他开始莫名其妙地发脾气，忘事，性情变得古怪，各种慢性病侵蚀着他的肌体。宋薇知道，在母亲走后，父亲过得很不好，虽然她很孝顺，丈夫也胜似亲儿子般照顾着他，但他的健康状况还是每况愈下。在孙女们18岁那年，宋老爹因为心肌梗塞突然离开了人世。安葬父亲的过程中，宋薇没有放任自己哭号，她抚摸着父母合葬的墓碑，努力笑着，说她会好好生活，让父母放心。

手心里的苦又少了一些，伴随着那些同样有限的甜。一双女儿在当年的高考中分别考上了全国重点大学，欢快喜庆的气氛冲淡了老人离世的悲痛。但宋薇心里清楚，不幸总是在那里，那些惹人伤心落泪、叫人愤恨恐惧的东西一直都在，它们就像每一次欢庆的喜悦一样，构成了一个人生活的整体。一口甜，一口苦，不贪求幸运，不害怕遇到不好的事情，那就是鲜活又珍贵的人生。

有这么一个形象的比喻，说一个旅人走在山脚下，山上突然滚落了一大块碎石砸在了他的身上，被砸得头破血流、腿骨折断的他勉强保住了性命，却不立刻逃离，反而抱起那块差点砸死他的大石头继续往前走，走一段就在自己将要愈合的腿骨上又狠狠砸上一下，再把它砸裂。就这样，他哭号着，咒骂着命运和那座山，不管多累多疼，就是不撒手，就是不停止伤害自己。这样的人，会被别人看作什么？疯子还是傻子？

也许是因为最初受伤时受到了他人温暖的关怀，贪图借着不幸撒娇任性的特权，凭借着凄惨无比的身世让自己在人群中显得尤为与众不同。我们中的很多人，就像那个抱紧巨石的旅人，一边喊痛，一边继续无休止的自残，以换取别人一句“真可怜啊”，然后愈发委屈得痛不欲生起来。可虽说是“痛不欲生”，真要去死，又下不了那个狠心，只能将就着、对付着、郁闷着，凄凄惨惨悲悲戚戚地挥霍宝贵的生命。

有方法，不会卡

天灾人祸不会把人击倒，真正导致人不幸的是消极的惯性思维：

1. 不要把没钱、没权、没工作、没房、没车、没个当大官的爹当作不幸。奢求更多是许多人感觉自己不幸的真正根源，如果始终为此郁闷，建议你去看看那些没眼睛（盲）、没耳朵（聋）、没舌头（哑）、没有胳膊腿的人，与人比“惨”是一件无聊又可悲的事。

2. 不要把亲爱之人的逝世当作不幸。谁的亲人都会离世，在这一点上你与别人没有不同，谁都不希望自己的死亡让最爱的人从此过着行尸走肉一般悲催的生活，唯一能让他们安息的，是你幸福地生活着。

3. 不要把事业碰壁、婚姻失败、身患疾病当作不幸。只要你活着，失败的局面都来得及改变，只要你依旧乐观，病魔就只能伤害你的肌体，无法侵入你的心灵，命运在你手里，一切全都由你自己做主。

6. 告诉自己：你可以的！

当你相信自己的时候，所能发挥的才智、取得的成就会超乎你的想象，自信心是最好的鼓励和鞭策，它会使你的理想和希望变成奋进的动力和激情，让外界的贬低和责难无法成为你成功路上的阻碍。当你认可自己、自尊自爱、遵循自己内心的梦想拼搏奋斗时，生活是充实的也是快乐的，偶有失败挫折，也不会郁闷彷徨。

因为你喜欢自己，别人才会喜欢你，你相信自己行，别人才会把希望放在你手上，旺盛的生命力会在你和他人之间传递，你不企求别人赐予幸福，因为你知道自己本身才是一切幸福的源头。

并不是所有天赋都会被及时发现和充分培养，并不是所有天赋傲人的孩子能成为他们所擅长领域的大师，现实世界中，很多才华没埋没的“天才”自觉不自觉地放弃了他们的梦，在日复一日为谋生奔忙的过程中变成了平凡无奇的人。

姚晓喜欢画画，从年幼时第一次拿起笔的时候她就试图画出面前的物品，好像三维立体世界里的东西总要落在纸张上变成二维的画面，才能进到她的内心。跟大城市中从小就被各种才艺兴趣班包围的孩子们不同，山村里长大的姚晓就连正规的画具也没见过，一根小小的铅笔头攥在手心，就是她梦想的全部。村里人都知道她爱画画，画得跟真的似的，却没人想到画画还能成为职业，没人启蒙的孤独和物质条件的匮乏并没有夺走她成为画家的理想。

中学毕业后，姚晓考入了一座小城市的职业学校，学习财务会计专业，专业对于她来说没什么吸引力，但至少是未来谋生的手段。但就在那个职业学校，她接触到了电脑、网络，也接触到了广阔的大千世界。在课余时间，其他同学打游戏、逛街、恋爱，轻松悠闲地度过，而姚晓对着电脑，搜索各种绘画技法教程。她有限的生活费都用来买纸笔，任何纸张上的空白都不放过，书上本上，散发到宿舍的宣传单背面，都画满了她的习作。身边的人都夸她画得好，但是说到成为画家，人人又都觉得不可能，人家那些专业画画的哪个不是家族世代有背景，从小就有名师指导，一直练到大，像姚晓这样一直自学，半路出家，画着玩还成，真想靠业余爱好吃饭，简直是痴人说梦。在一片不支持的声音中，姚晓只是把手中的炭笔握得更紧，毕业后大家纷纷加入了打工大潮，18岁的她也收拾了行囊，背着自己的画，踏上了开往首都的列车。

来到北京后，姚晓一边在一家小公司做出纳，一边继续追求她的梦想。她去了著名的798艺术区，在那里看别人的作品，顿时感觉又一个做梦都不敢想的世界在她面前敞开了大门。同样的情节上演着，同事们看了姚晓的画，依旧一片赞扬，但听她说起自己的梦，都露出尴尬的表情。大家都不是孩子了，谁也不会直接否定别人的美梦，但他们的眼神分明在说："别傻了，你不行。"每当那样的时候，姚晓都会再次握紧手中的笔，对着镜子很认真地大声说："姚晓，你可以的！"

就在来到北京的第3个年头，姚晓有了一点儿积蓄，便辞掉了出纳工作，全心投入创作。她在798结识了事业上的第一批合作者，她得到了德国画商奥斯顿的青睐，在他的资助下有了自己的工作室。每当她倾心作画，那个男人就像膜拜缪斯女神一样默默地又满含爱意地关注着她，在艺术的世界里，再也没有人笑她痴傻、笑她疯狂，她再也不用隐藏真实的自己。又过了一年，姚晓接受了奥斯顿的爱，同他一起回到德国完婚，富有的丈夫带着她环游世界，寻访名师，而她则将沿途所见所学都融入自己创作。几年后，姚晓已经成了名副其实的画家，一幅画能拍出百万天价，一路坚持，带给她的不仅是事业的成功，还有爱情的美满和内心的丰盛。

在成长的过程中，姚晓有无数理由怀疑自己是不是真的有天赋，也有无数时机放弃梦想停歇下来，如果自怨自艾需要理由，她有的是理由长吁短叹埋怨命运对自己不够优待，如果与同龄人攀比，她可以自卑自怜，可以嫉妒别人，可以焦躁不已不再静下心来钻研画技。但是她没有，成功，首先就是因为她相信自己可以成功，幸福，是因为她从未丧失过追求幸福的希望，在天赋之上，是她坚持不懈地积极态度，没有这份自信与乐观，她会像其他千百万平凡的打工妹一样默默无闻，甚至惨淡地度过一生。

有方法，不会卡

谁也不能预定你的成功，同理，也没有谁有资格预定你的失败，不管你喜欢什么，只要去做就好。你要学艺，总会有人说你没天赋、没戏；你要创业，总会有人说你没“路子”干不成；你要改变自己、要做出选择，总会有貌似通晓天下事的人冒出来说干吗那么折腾呢，维持现状不好吗，稳定些不好吗，他甚至会咄咄逼人的问你凭什么觉得自己可以……也许你会迷惘，会担忧，但请不要被那些“前辈高人”忽悠了，因为：

1. **别人不是你，他们没有权利决定你的人生**，不管他们有多成功，那是他们的，再多的经验，也只是个案，不足以奉若经典，除非你心甘情愿做别人闲言碎语的奴隶，做别人无责任言论下的亡魂。

2. **你可以没有天赋，可以没有特长，但不能没有对人生乐趣的追求**。别人可以不买你的作品，但谁也拦不住你创作，只要你坚持创作，怎么就认为没有人认同你，喜欢你？天下第一都是赢在勤奋和坚持上，再锋利的刀，平放在那里不用，也是废铁一块。

3. 对着镜子里的自己说“我可以的”，清晰有力地说出这句话，把它写在纸上，把它刻进心里，把它说给其他人听，告诉他们：“我不害怕，我不放弃，我喜欢这样积极温暖、充满正能量的自己。”

7. 患得患失耗尽精神

老祖宗教导我们，福祸相依，得失不定，《老子》第五十八章中写道：“祸兮福之所倚，福兮祸之所伏。”说的就是福与祸之间的辩证关系，幸运和不幸并不是绝对的，它们相互依存、互相转化，今天还是美事一桩呢，明天没准就招致灾祸了，比喻坏事可以引出好的结果，好事也可以引出坏的结果。

有些人记住了祖宗教诲，却没有记全——福祸相依，造化弄人，不仅教人未雨绸缪，别在幸运来临时只顾着狂喜失了分寸，更是让人坦然面对得失利弊，不要因为一时的时时运不济而痛苦。所以塞翁失马、焉知非福，所以失之东隅、收之桑榆，该来的总是会来，你要做的就是平心静气地接纳你的生活，少些患得患失的愁结。

楚雄最近赶上了“好事”，一个他自己都记不清楚出自哪家的远房舅爷爷在美国过世了，老华侨留下的部分财产七拐八拐地落到他头上，将由他继承。金额不多，折成人民币一百零几万元，平白无故得了这么多钱，对楚雄而言，这无疑是天上掉馅饼，地上长黄金的好事。但考虑到楚雄的舅爷爷一生经商，在生前还可能有未到期、未清偿的零散债务，楚雄在得到进入继承程序的通知时还被告知，如果决定继承遗产，就得承担可能存在的隐性债务。说白了，这钱现在揣进兜里，不知道哪天冒出个债主找上门，还有可能得吐出来再还给人家。这可就不是什么好事了，特别是对楚雄的妻子香草而言，这天上掉下的一百万简直成了个飞来的横祸。

香草不是不爱钱，丈夫突然成了远房亲戚的遗产继承人，家里一下就多出那么多可支配资金，作为女主人，她最开心不过。但自从得了这个消息，楚雄就变得很焦虑，像人格分裂了一样，一会儿狂喜着自己的幸运，抱着香草规划那一百万的各种可能用途，一会儿又坐在沙发上抽闷烟，怕真的存在某些还不知道舅爷爷死讯的债主，等他拿了钱，就会找上门来向他讨要。每天琢磨着遗产继承到底是幸运还是不幸让楚雄寝食不安，跟他最亲近的妻子香草难免受他影响，也跟着一会儿高兴一会儿失落。

距离开始分配遗产的日子一天天临近，楚雄的焦虑和烦躁也到了非常严重的地步，都半夜1点多了，他还是睡不着，拉着香草讨论到底要不要用继承来的钱先付首付再买一处房子，香草被他整得也有点神经质，她皱着眉头说："要是咱买了之后，人家又说要把钱要回去，咱家里全部的积蓄都不够给的，一下子拿不出那么多现钱来啊。"这一点楚雄不是没想到，但他又想到，就算债主找上门，钱都花了，要钱没有，总不能硬抢吧？香草不同意，她说："你可得了吧，人家法院会拍卖咱家房子和车还钱的，哪那么好就能赖账不还，哎，你说，咱俩这么多年了日子过得挺好，没管人家借过钱，没欠过债，怎么突然之间就有债主了呢，这叫什么事儿啊。"这话像尖刺一样扎在楚雄心上，他也觉得郁闷，说是继承百万遗产，说不定莫名其妙就欠了一屁股债。俩人纠结来纠结去，眼看着天就亮了，又要硬撑着眼皮去上班，临出门的时候，香草揉着太阳穴问楚雄能不能干脆放弃继承得了，这样下去就算拿到了钱，每天担惊受怕的也花不痛快，太折磨人了。

金钱的诱惑难以抵挡，最终楚雄还是参与到遗产分配中，拿到了让他欢喜让他忧的一百万。夫妻俩身心俱疲地冥思苦想了一个多月，终于达成共识，为了避免以后麻烦，更为了不再日夜纠结，患得患失，这钱干脆就存在银行里不动，等个十年二十年的还没人上门来要再拿出来花。

可能我们都没有楚雄这么好的运气，不发这份财，不受这份累，但性质相同的故事却每天都在城市中上演，要不要转岗，要不要升迁，要不要相恋，要不要深造，要不要接受供货商的礼品，要不要请客户吃饭，要不要孩子，要不要离婚分家产……有些人奉行"船到桥头自然直"的原则，想起来稍微琢磨琢磨，想不起来就等事情发生了再顺其自然地处理，有些人则像楚雄一样，又要天上下雨又怕地上湿滑，给他西瓜他嫌大，给他芝麻他嫌小，甘蔗没有两头甜，他却非要确保自己只拿到甜的那头，所以总为了莫须有的担忧而殚精竭虑，耗尽精神。

过度地琢磨事，对有可能出现的损失和危害钻牛角尖是不健康的辩证思维，虽说表现上把事情想得很全面，但实际上都是对更多好处的渴望和对微小损失的恐惧，堆满忧愁惊惧的一颗心，落在一个“贪”字上拔不出来。

有方法，不会卡

可能你自认天生爱杞人忧天、患得患失，那么你不妨这样试试看：

1. 比起捡来的钱不知道哪天还要还回去这种小忧虑，不如琢磨一下如果明天上苍就要把你的命收回去怎么办吧，如果今天是人生的最后一天，你依然揪着可能出现的坏事不放，要在愁眉不展的纠结折磨中度过吗？

2. 如果得到了怎么办和如果失去了怎么办，不是靠想出来的，如果的事真的发生后，一切答案都会揭晓，人生就像盒子里的巧克力，给自己留点惊喜难道不好吗？

3. 患得患失的开关不小心触发后，一定要找到其他更有吸引力的事情把注意力吸走，不管是运动休闲还是吃饭睡觉，先从坑里跳出去比站在坑里反省自己不该掉进去要实际得多，学会给自己找乐，把精力用在做事而不是想事上。

8.寻找解你心锁的钥匙

生活在社会的人，就像大海里的水滴，不断运动，不断发生关联，我们相互接触，相互靠近，带着自己的主观，去试探和感染他人的意识世界，心灵的碰撞带来了绚烂的火花，也带来了斑驳的伤痕。

刀剑虽然锋利，但刀不伤人，剑不伤人，只有心怀恶意才伤人。人心中的恶意虽可怕，但它还不足以封闭他人的内心，能将人的心灵封锁，让人如坠深渊般痛苦寂寞的，只有自己。很多人，很多事，很多以为永远也过不去的坎，其实都是自己给自己加的心锁，锁得久了，锁头生了锈，人也就跌进了抑郁的漩涡。

思琪对小沐而言是个超级特别的存在，她们是闺蜜，是死党，是从幼儿园就玩在一起的姐妹发小，她们互相信赖，互相依靠，互诉衷肠，是彼此的至交好友，是彼此的家人。就是这样一对吃糖都要各咬一半的好姐妹，由于一个男人的出现，原本铜墙铁壁般的关系产生了裂痕。

就像是言情剧里演烂了的情节，小沐交了一个高大帅气的阳光男友，作为“家属”，必然会介绍给思琪认识。思琪有男友的时候，他们4个人玩在一起，周末的约会也是共同行动，不管是吃饭还是看电影，都一起团购，又热闹又省钱。后来思琪跟男友分手了，小沐就拉上她跟自己和男友一起玩。按照言情剧里最常见的剧情发展，小沐的男友爱上了失恋中楚楚可怜的思琪，他知道那样不对，但思琪在窗边静静抱着膝盖流泪的侧脸印在他的脑海里挥之不去，他做梦都想拥抱那个受了伤却努力坚强的漂亮女孩，想拭去她脸颊上滑落的泪珠，尽管她是自己女友最亲最铁的闺蜜。纸是包不住火的，当一个男人爱上一个女人，就是瞎子都能看见他火热的眼神，小沐不能接受如此残酷的现实。比起男友变心，更让她痛彻心扉的是思琪的背叛。虽然思琪并没有做出任何回应，更没有故意勾引小沐的男友，但在小沐看来，一个巴掌拍不响，苍蝇不叮没缝的蛋，闺蜜和男友就是背着她勾搭成奸的“狗男女”。

小沐不再接听思琪的电话，不听思琪的任何解释，只是一个劲用她能想到的最难听、最狠毒的语言辱骂思琪，痛斥她背信弃义丧尽天良。后来，思琪不再主动找她，她的世界安静了，心里也像是上了锁，不再对任何人敞开，也不愿再想关于思琪的一切。但两个人将近20年的情分，又怎么可能在朝夕间消失不见，数不清的照片、玩具，吃的用的，家里、城市里，无不充满了姐妹俩最纯最美的回忆。

一段时间后，小沐的母亲察觉到了她的不对劲，跟男友分手不稀奇，但以前总黏在一起的小琪不来家里玩了，女儿的脸上总笼罩着愁云，还收起了很多视若珍宝的照片，特别是那几个思琪送她的生日礼物——每天伴着小沐入睡的毛绒玩具，也从床上塞到了床下的箱子里。在母亲的再三追问下，小沐憋不住委屈，趴在母亲怀里失声痛哭，终于把心里的苦水都宣泄了出来。母亲听完她的讲述，很认真地告诉她，爱情是世界上最美好、最伤人也最不可思议的事情，小沐的男友爱上思琪，伤害了小沐的感情，确实是对不起她，但爱一个人的冲动并没有错；而思琪在整件事情当中一直处在被动的状态，难道她被爱上了就是对小沐的背叛吗？在事情发生后，思琪每天给小沐打电话解释，冲到她公司楼下等她，流的眼泪比当初自己失恋时还多，她听着不堪入耳的咒骂，依旧苦苦哀求小沐听她解释，不要误会她，比起挨骂她更怕的是小沐不再相信她了。作为母亲，小沐的妈妈一定是更疼爱她的，但女儿走偏了路，把失去爱情的痛苦怪罪在朋友身上，随随便便就把心封闭，失去挚友对她来说是比失恋更大的损害。

在母亲的劝慰和引导下，小沐慢慢冷静下来，她尽量按捺怒火去做换位思考，去理解思琪的处境和心情，才发现自己一直都那么任性。要3人一起形影不离的是她，要男友多关照闺蜜的是她，等男友对思琪渐生情愫后不分青红皂白就怪罪思琪的也是她，而思琪一直都全心信赖她，配合她的步调。心里的疙瘩解开后，她后悔极了，下定决心去找思琪道歉，不管她会不会原谅自己，都要把心里的话说出来，不让彼此带着遗憾到老。

心病还须心药医，解铃还须系铃人，小沐在感情上受到了伤害，自己把心封锁起来，否定了不堪的爱情也否定了她和思琪之间宝贵的友情，并下决心再也不相信任何人。如果她自己想不通，不愿意面对现实，就算母亲说破天也没有用，因为解开心锁的钥匙只在小沐自己心中，一把钥匙开一把锁，一次选择会影响到她此后的人生。小沐是幸运的，有挚友和慈母的珍视与守望，她也是明智的，在悲伤中努力寻回内心的平和，及时刹住了任性疯狂的情绪。

有些人喜欢“玩深沉”，心里挂着几把大锁，各处挂着“此路不通”的告示牌，堵住了别人试图亲近了解的善意，也堵住了自己从良好人际关系中汲取情绪正能量的途径，久而久之，变得多疑、孤僻甚至阴鸷。到最后就算明白过来，又想跟人正常接触交往了，却很难重拾那些真挚的情感，只能叹一句：此情可待成追忆，只是当时已惘然。

有方法，不会卡

发现心中不知何时已经上了锁，你也许可以尝试：

1. 写一篇私密日记吧，毫无保留地与自己对话，把那些羞耻的、不堪的、令人恐惧恶心的情节和想法都写出来，你可以对天下人隐瞒，唯独不要试图欺骗自己的内心。

2. 想想如果心结打开了会是什么样子，你自己会怎样，被你锁在心门之外的人会怎样，爱你的人会怎样，恨你的人会怎样，你会发现继续封锁自己并不明智，亲者痛仇者快的傻事再也不要做了。

3. 准备好跟昨天的自己告别。就算再痛，过去了就是过去了，挥别错的才能和对的相逢，把完整的自己当作礼物送给未来，才对得起自己，对得起那些真正爱你的人。

9. 想哭时就大声哭，不必强忍悲伤

正常人都会感觉到悲伤，但随着年龄增长，我们会越来越少掉眼泪，有人说这是因为成熟，也有人说这是因为麻木，当坚硬的伪装覆盖在我们的脸上，也包裹在我们的心上，脸忘记了如何痛哭，心却记得，我们仍能熟练地摆出礼节性的笑容，灵魂却泡在看不见的眼泪里几近窒息。

中华民族的传统社会文化中对“哭”有着偏执的误解，尤其是对男性，民众普遍认同男人不应该哭，啜泣流泪那是女人的专利，一个大老爷们哭哭啼啼会被看作懦弱、卑怯，从而深受负面评价，所以中国男人不爱哭，不敢哭。越是悲痛，越是逞强，可能会吸烟酗酒，诉诸暴力，却不肯表露最原始、最简单的需求，他们隐忍，他们挣扎，他们“死扛”。

认识庄恒那年，赶上他经营了9年的公司正在筹划上市，这个外形俊朗的男人身材偏瘦，个子并不高，却有着十分坚毅的性格和强大的内心。被朋友们笑作“面瘫”的他，确实没有什么丰富的表情，高兴了不会大笑，不高兴了也只是皱皱眉，一年到头也看不见他狂喜或伤心。

就在全公司上下紧锣密鼓筹备上市的关键阶段，庄恒的后院起火了。他的老婆汤雅丽跟公司的财务总监有了婚外情，俩人卷了能拿到的全部财产出逃海外，在庄恒反应过来之前早就不知所踪，留给他的只有一处空空如也的跃层住宅，几辆登记在庄恒名下的汽车和资金链断裂岌岌可危的公司。面对这个堪称灭顶之灾的巨大打击，庄恒没有时间也没有精力去悲伤，他果断放弃了上市计划，变卖了房产和汽车，凭着个人信誉四处借款，集中全部财力人力和物力苦苦支撑公司正常运营。即便是在这样冷静高效的应对之下，公司还是元气大伤，不得不缩减部门，裁掉了一批员工，同时

流失了几位重量级的元老。

在家人、朋友和忠心于他的属下面前，依旧冷静如常的庄恒是值得敬佩的，让人不由得对他挑起大拇指，夸赞他是真正的男人、纯爷们儿，谁也没有注意到他刚硬的外壳下被伤得支离破碎的内心。庄恒卖了房子之后住在公司办公室里，躺在宽大的皮沙发上他整宿睡不着觉，睁着眼睛看着天花板，大脑一片空白。让他自己感觉可怕的是，他本该悲痛却不知如何表达，就像有人锁死了情绪的闸门，在别人看不见的地方，巨大的痛苦冲撞着他的理智。听他说起自己怪异的状态，我意识到他正处在非常危险的崩溃边缘，必须为他介绍专业的心理医生马上进行治疗。

坐进治疗室的庄恒在医生的引导下缓缓描述着自己的意识世界。结发妻子已经拥有阔太太锦衣玉食的生活，为何还会转投他人怀抱；跟他一起创业打天下的好兄弟为什么背叛了他，他们两人深得自己的信任，明知道这样会毁掉公司、毁掉他，竟然还是弃当初的誓约于不顾，做出如此残忍的选择。这个像他孩子一样的公司，从几个人的小作坊壮大至今，倾注了他全部的心血，此刻就像被人一刀扎在动脉上一样面临着生死关头，会不会失去更多，还能撑多久。会不会一无所有，他不敢去想，对妻子和兄弟之间的事，他更不敢深究，害怕知道真相。庄恒一字一字地说着，没有愤怒和仇恨，只有铺天盖地的悲伤，他用双手捂住脸，再抬起头时已是满脸的泪水，在医生面前他只是一个需要帮助的普通人，摘下了面具，真实的自我终于可以放声控诉命运的不公，他的屈辱、不甘和悲痛随着流不尽的眼泪宣泄出来，整整一个下午他不停地讲着十年来压抑于心的辛苦，边哭边讲，边讲边哭……

再次出现在我面前的庄恒还是一张没啥表情的“面瘫”脸，但却不再咬紧牙关一个人硬撑，当他尝试着把心里的担忧和恐惧表达出来，我知道，一些东西已经不一样了，这种变化胜过法律上和经济上的支持，是唯一可以拯救他的公司，并帮他重新拥抱幸福生活的不二法门。

哭，是人类生理情绪的一种表达或表露，也是人类表达情感的一种方式，婴儿伴随着啼哭降临到这个世界上，人的泪腺会在每次眨眼时产生少量泪液滋润眼球。人们喜极而泣，感动落泪，悲伤大哭，或被动或主动地进行这一基本宣泄行为。当人的内心极度痛苦时，就像庄恒这样突发横祸，遭遇严重精神创伤而陷入忧虑和绝望，短时间内很有可能无法正常地表达情绪，他伤心，却不知道怎么让伤心从内部向外部纾解。在严重的焦虑情绪下，他就像一只在炉灶上不断被加热的高压锅，只等气压冲破临界值，把自己炸得粉身碎骨。

科学研究表明，流泪且出声哭泣是非常有效的情绪调节手段，一般情况下自然触发的哭泣可以瞬间降低精神压力，缓解郁闷和焦躁的心情，痛快地哭一场，还有助于清除五脏六腑内的瘀滞，降低脏腑病变的可能性。

有方法，不会卡

如果你经历了悲痛，心中憋闷却哭不出来，可以尝试：

1.对亲友倾诉，描述心中痛苦悲伤的感觉，语言会帮助你重温记忆里的感触，当然，首先你要敞开心扉，告诉自己哭泣没有什么不对，你是人，不是机器，会伤心流泪是你尚未麻木或死亡的证明。

2.看一场悲伤的电影，读一本悲剧小说，喝点酒，吃点芥末，生理反应与心理状态隔绝时，可以利用人体对刺激的通感，找到落泪的契机，然后借着外界的生理刺激哭出来。

3.找专业的心理分析师寻求帮助，别任由不正常的“坚强”腐蚀你的健康，该哭的时候哭不出来，憋久了会生病。

10. 再艰难的时光也是限量版

让我们算这样一笔账，人这一生平均下来不过活个80年，一年按照365天计算，是29200天。10岁之前基本处在年幼懵懂时期，略去不算，还剩25550天，70岁之后大多数人心有余而力已不足了，同样略去不算，还剩21900天，再刨去跟其他哺乳动物没什么区别的维持基本生存所需时间，咱们打个对折，一个人真正能理解、利用、享受的人生仅有10950天，这还是在你不生大病，不遭大难，健健康康活到80岁的前提下。

人生漫长吗？一万个日日夜夜，对你而言真的足够漫长吗？这少得可怜的一万天走完之后，能有5000天以上是愉悦、平和、满足、幸福的人，会有多少呢？

我有一个好朋友叫蒋英，是个职业摄影师，年轻时喜欢鼓捣高级设备，仗着家底殷实，坐着飞机满世界跑，总说要拍到最惊心动魄的照片，要抓住最打动人的瞬间，要名留青史。但是不管烧多少钱，拍多少“大片”，他都找不到自己想要的那种深入内心的感觉。

第一次让他体验到这种对灵魂叩击的经历发生在他25岁那年，一向对蒋英疼爱有加的祖母突然病倒了，经医生检查发现老人患有慢性心力衰竭，肾脏上还有一颗恶性肿瘤，就算蒋家再有钱，也是回天乏术了。眼看祖母住进了医院，躺在病床上一天天虚弱下去，父亲放下了所有工作，驻扎在病房里每天亲自伺候老太太起居，生怕一错眼神母子二人就是天人永隔。

一天，蒋老爹打电话让蒋英去医院的时候带上照相器材东西，说要给祖母拍点照片。蒋英把各种先进的拍摄设备都搬上了车，到医院后，他看见病房的窗子敞着，和煦的春风把柳絮杨絮吹进来，随阳光一起洒在洁白的被单上。祖母靠在支起来的病床上，而父亲像个孩子那样趴在她怀里，祖母一下一下抚摸着父亲的头，微笑着对他说着什么。在父亲示意下，蒋英开始为他们拍摄照片，祖母穿着水蓝色的丝绸褂子，气色好得不正常，父亲也穿着见贵宾时才会穿的那套昂贵唐装。陆陆续续的家中亲戚都来了，蒋英为所有人拍下了与祖母的合影，还给祖母拍了许多单人照，最后他也挤到祖母身边，对拍照技术一窍不通的父亲细细比画一番按下快门，蒋英看见相机后面父亲的脸上流下了眼泪，又赶忙借着看照片的时机转身擦去了。众人折腾了一下午，傍晚时分，随着太阳落山，祖母也像被抽走了精力，颓然倒下，而父亲强装欢笑的脸也顿时失去了血色，他跪倒在病床边，紧紧握着祖母的手放声大哭。“失去”对蒋英来说陌生而恐怖，看着奄奄一息的祖母和两鬓斑白的父亲，蒋英突然意识到，在不知不觉中父母也像祖母一样在渐渐苍老，就算他们长命百岁、无疾而终，几十年后，如今压在父亲心头的重量，也会狠狠砸在他的心上。

祖母辞世后，蒋英去冲洗那天拍的照片，看见父亲为自己和祖母拍的那张时候，他愣住了。没有对拍摄技巧刻意的追求，父亲透过泪眼看到的是这个世界上与他血缘最浓的两个亲人，焦点落在祖母与蒋英轻轻碰触的额头。蒋英记得，那时候祖母轻声说的是“好好孝敬你爹妈”，一股强烈的悲伤涌上心头，这张镌刻在生命最后时刻的剪影上，祖母的银发轻飘，眉眼含笑，脸上慈祥又充满对孙儿的宠溺，美得不像话。

随着年龄和阅历的增长，蒋英长大成熟起来，不再抱着玩票的心态对待摄影，而是静下心来读了许多书。慢慢地他认识到，用眼睛看到的景色总在表面，而用心去捕捉的，才是无可复制的经典。悲伤也好，快乐也好，不管什么样的岁月，都凝结着人的情感，时间不会倒退，分分秒秒的流逝犹如白驹过隙，裹挟着人的生命向终点飞奔，“失去”与“获得”有着截然不同的滋味，却同样是人生中最莫测、最珍贵的主题。

人生是一场预定了头尾的短途冒险，也是一段没有暂停键的计时倒数，你只有一万天，要惊心动魄，要浪漫唯美，要博学广知，要著书立说，都只有这一万天的时间可供使用。在这一万天里，你上学读书，毕业工作，每天吃什么、喝什么、说什么、做什么，过得开心不开心，有没有认识或失去亲人和朋友，全都是独一无二的体验，是只属于你自己的轨迹。

当你用一遍遍重复的郁闷和焦躁混过一天，那一天就没有了，那些你避之不及的困苦时光，正是让你的一万天与别人截然不同的原因，在你的厌恶和排斥中，它们也消逝不见了。你不能真的回过头挑选或抹去自己生命的痕迹，不管曾用什么样的态度去面对，都不再有重启再来一次的机会。你唯一能做的，是珍惜即将到来的“明天”，并且在它变成“今天”时，无论顺利或艰难、幸运或不幸，满怀感激地享受它，用你的情绪和言行将它填满，当它成了“昨天”，成了专属于你的珍藏版独家记忆，你要明白，任何属于你的时光都是限量版，一定要笑着将它收藏。

有方法，不会卡

要记得：

生命是最美好的馈赠，就算再艰难的时光也是限量版，你很幸运，请用中大奖的心态去享受。

◎ 本章小结 ◎

抑郁会让你的世界黯淡无光，不觉草绿，不闻花香，美好的东西纷纷离你远去，仿佛生活中只剩下无尽的痛苦折磨。

当抑郁情绪发展严重的时候，你会发现自己变得了无生趣，你身心俱疲，自卑内疚，你肢体僵硬，思维混乱，吃不香、睡不熟，语言表达出现障碍，欲望消退，美食、美色都激不起你内心的冲动，你开始仇恨这暗无天日的生活，甚至想到通过自杀结束自己可悲的人生。而这一切令人胆寒的恶化，也许都始于一声莫名其妙的叹气，一句看似无关痛痒的抱怨，一次任性自我的“不高兴”。

别让抑郁的种子在你心中扎根，别用源源不断的负面情绪滋养这朵有着剧毒的花，心怀感激地生活，多微笑，正能量会保护你远离坏心情，引领你拥抱健康和快乐。